한국수학학력평가

KMA (Korean Mathematics Ability Evaluation)

1 KMA 특징

KMA 한국수학학력평가는 개개인의 현재 수학실력에 대한 면밀한 정보를 제공하고자 인공지능(AI)을 통한 빅데이터 평가 자료를 기반으로 문항별, 단원별 분석과 교과 역량 지표를 분석합니다. 또한 이를 바탕으로 전체 응시자 평균점과 상위 30 %, 10 % 컷 점수를 알고 본인의 상대적 위치를 확인할 수 있습니다.

KMA 한국수학학력평가는 단순 점수와 등급 확인을 위한 평가가 아니라 미래사회가 요구하는 수학 교과 역량 평가지표 5가지 영역을 평가함으로써 수학실력 향상의 새로운 기준을 만들었습니다.

KMA 한국수학학력평가는 평가 후 희망 학부모에 한하여 진단 상담 신청서와 상담 예약서를 작성하여 자녀의 수학학습에 관한 1 : 1 상담을 받을 수 있습니다.

2 KMA/KMAO 평가 일정 안내

구분	일정	내용
한국수학학력평가(상반기 예선)	매년 6월	상위 10% 성적 우수자에 본선 진출권 자동 부여
한국수학학력평가(하반기 예선)	매년 11월	
왕수학 전국수학경시대회(본선)	매년 1월	상반기 또는 하반기 KMA 한국수학학력평가에서 상위 10% 성적 우수자 대상으로 본선 진행

※ 상기 일정은 상황에 따라 변동될 수 있습니다.

3 KMA(하반기) 시험 개요

참가 대상	초등학교 1학년~중학교 3학년
신청 방법	해당지역 접수처에 직접신청 또는 KMA 홈페이지에 온라인 접수
시험 범위	초등 : 2학기 1단원~4단원
	중등 : KMA홈페이지(www.kma-e.com) 참조

※ 초등 1, 2학년 : 25문항(총점 100점, 60분)　　▶ 시험지 內 답안작성
※ 초등 3학년~중등 3학년 : 30문항(총점 120점, 90분)　　▶ OMR 카드 답안작성

4 KMA 평가 영역

KMA 한국수학학력평가에서는 아래 5가지 수학교과역량을 평가에 반영하였습니다.

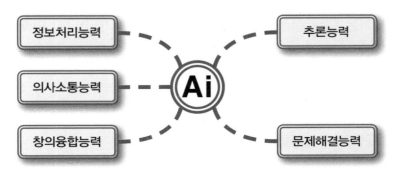

5 KMA 평가 내용

교과서 기본 과정 (10문항)
해당학년 수학 교과과정에서 기본개념과 원리에 기반 한 교과서 기본문제 수준으로 수학적 원리와 개념을 정확히 알고 있는지를 측정하는 문항들로 구성됩니다.

교과서 응용 과정 (10문항)
해당학년 수학 교과과정의 수학적 원리와 개념을 정확히 알고 기본문제에서 한 단계 발전된 형태의 수준으로 기본과정의 개념과 원리를 다양한 상황에 적용하고 응용 할 수 있는지를 측정하는 문항들로 구성됩니다.

교과서 심화 과정 (5문항)
해당학년의 수학 교과과정의 내용을 정확히 알고, 이를 다양한 상황에 적용하고 응용 하는 능력뿐만 아니라, 문제에서 구하는 내용과 주어진 조건과의 상호 관련성을 파악 하여 문제를 해결할 수 있는지를 측정하는 문항들로 구성됩니다.

창의 사고력 도전 문제 (5문항)
학습한 수학내용을 자유자재로 문제상황에 적용하며, 창의적으로 문제를 해결할 수 있 는 수준으로 이 수준의 문항은 학생들이 기존의 풀이방법에서 벗어나 창의성을 요구하 는 비정형 문항으로 구성됩니다.

※ 창의 사고력 도전 문제는 초등 3학년~중등 3학년만 적용됩니다.

6 KMA 평가 시상

	시상명	대상자	시상내역
개인	금상	90점 이상	상장, 메달
	은상	80점 이상	상장, 메달
	동상	70점 이상	상장, 메달
	장려상	50점 이상	상장
학원	최우수학원상	수상자 다수 배출 상위 10개 학원	상장, 상패, 현판
	우수학원상	수상자 다수 배출 상위 30개 학원	상장, 족자(배너)
	우수지도교사상	상위 10% 성적 우수학생의 지도교사	상장

※ 상위 10% 이내 성적 우수자에 본선(KMAO 왕수학 전국수학경시대회) 진출권 부여

7 **KMA** OMR 카드 작성시 유의사항

1. 모든 항목은 컴퓨터용 사인펜만 사용하여 보기와 같이 표기하시오.
   보기) ① ● ③
   ※ 잘못된 표기 예시 : ✓ ✗ ⊙ ∅
2. 수정시에는 수정테이프를 이용하여 깨끗하게 수정합니다.
3. 수험번호란과 생년월일란에는 감독 선생님의 지시에 따라 아라비아 숫자로 쓰고 해당란에
3. 표기하시오.
4. 답란에는 아라비아 숫자를 쓰고, 해당란에 표기하시오.
   ※ OMR카드를 잘못 작성하여 발생한 성적 결과는 책임지지 않습니다.

OMR 카드 답안작성 예시 1 한 자릿수	예1) 답이 1 또는 선다형 답이 ①인 경우
	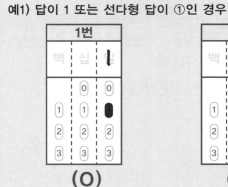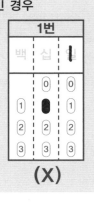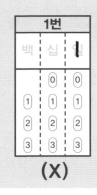
	(O)　　　　　(X)　　　　　(X)

OMR 카드 답안작성 예시 2 두 자릿수	예2) 답이 12인 경우
	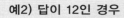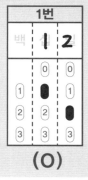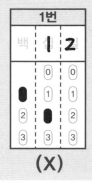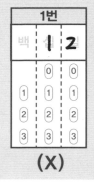
	(O)　　　　　(X)　　　　　(X)

OMR 카드 답안작성 예시 3 세 자릿수	예3) 답이 230인 경우
	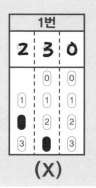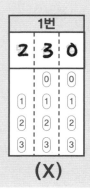
	(O)　　　　　(X)　　　　　(X)

8 KMA 접수 안내 및 유의사항

(1) 가까운 지정 접수처 또는 KMA 홈페이지(www.kma-e.com)에서 접수합니다.

(2) 지정 접수처 접수 시, 응시원서를 작성하여 응시료와 함께 접수합니다.
    (KMA 홈페이지에서 응시원서를 다운로드 받아 사용 가능)

(3) 응시원서는 모든 사항을 빠짐없이 정확하게 작성합니다.
    시험장소는 접수 마감 후 추후 KMA 홈페이지에 공지할 예정입니다.

(4) 초등학교 3학년 응시생부터는 OMR 카드를 사용하여 답안을 작성하기 때문에 KMA 홈페이지에서
    OMR 카드를 다운로드하여 충분히 연습하시기 바랍니다.
    (OMR 카드를 잘못 작성하여 발생한 성적에 대해서는 책임지지 않습니다.)

(5) 부정행위 또는 타인의 시험을 방해하는 행위 적발 시, 즉각 퇴실 조치하고 당해 시험은 0점 처리
    되오니, 이점 유의하시기 바랍니다.

9 KMAO 왕수학 전국수학경시대회(본선)

KMA 한국수학학력평가 성적 우수자(상위 10%) 등을 대상으로 왕수학 전국수학경시대회를 통해 우수한 수학 영재를 조기에 발굴 교육함으로, 수학적 문제해결력과 창의 융합적 사고력을 키워 미래의 우수한 글로벌 리더를 키우고자 본 경시대회를 개최합니다.

참가 대상 및 응시료	KMA 한국수학학력평가 상반기 또는 하반기에서 성적 우수자 상위 10% 해당자로 본선 진출 자격을 받은 학생 또는 일반 참가 학생 ＊본선 진출 자격을 받은 학생들은 응시료를 할인 받을 수 있는 혜택이 있습니다.
대상 학년	초등 : 초3 ～ 초6(상급학년 지원 가능) 　　　※초1～2학년은 본선 시험이 없으므로 초3학년에 응시 자격 부여함. 중등 : 중등 통합 공통과정(학년구분 없음)
출제 문항 및 시험 시간	주관식 단답형(23문항), 서술형(2문항) 시험 시간 : 90분 ＊풀이 과정에 따른 부분 점수가 있을 수 있습니다.
시험 난이도	왕수학(실력), 점프왕수학, 응용왕수학, 올림피아드왕수학 수준

＊시상 및 평가 일정 등 자세한 내용은 KMA 홈페이지(www.kma-e.com)에서 확인 하실 수 있습니다.

10 교재의 구성과 특징

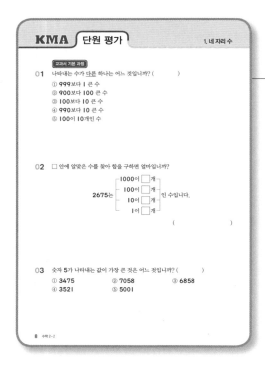

단원평가

KMA 시험을 대비할 수 있는 문제 유형들을 단원별로 정리하여 수록하였습니다.

실전 모의고사

출제율이 높은 문제를 수록하여 KMA 시험을 완벽하게 대비할 수 있도록 합니다.

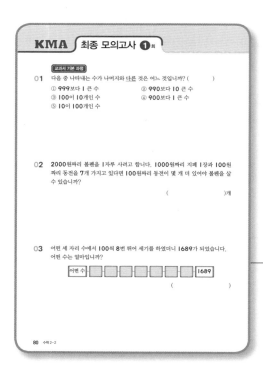

최종 모의고사

KMA 출제 위원과 검토 위원들이 문제 난이도와 타당성 등을 모두 고려한 최종 모의고사를 통하여 KMA 시험을 최종적으로 대비할 수 있도록 하였습니다.

Contents

교과서 기본 과정

01 나타내는 수가 <u>다른</u> 하나는 어느 것입니까? (   )

   ① 999보다 1 큰 수

   ② 900보다 100 큰 수

   ③ 100보다 10 큰 수

   ④ 990보다 10 큰 수

   ⑤ 100이 10개인 수

02 □ 안에 알맞은 수를 찾아 합을 구하면 얼마입니까?

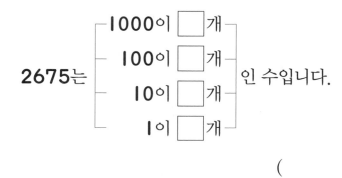

2675는
- 1000이 □개
- 100이 □개
- 10이 □개
- 1이 □개
인 수입니다.

(   )

03 숫자 5가 나타내는 값이 가장 큰 것은 어느 것입니까? (   )

   ① 3475   ② 7058   ③ 6858

   ④ 3521   ⑤ 5001

04 두 수의 크기를 비교하려면 어느 자리 숫자를 비교해야 합니까? (   )

$$7425 \qquad 7471$$

① 일의 자리　　　② 십의 자리　　　③ 백의 자리　　　④ 천의 자리

05 몇씩 뛰어서 센 것입니까?

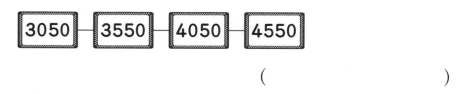

(   )

06 두 수의 크기 비교를 >, <로 바르게 나타낸 것은 어느 것입니까? (   )
① 3255>3254　　　② 9996<9093　　　③ 6234>6235
④ 6831>7831　　　⑤ 4294<4289

07 가장 큰 수부터 차례로 쓸 때 세 번째로 큰 수는 어느 것입니까? (   )

$$5803, \ 5038, \ 5830, \ 5380$$

① 5803　　　② 5038　　　③ 5830　　　④ 5380

08 □ 안에 들어갈 수 있는 숫자는 모두 몇 개입니까?

$$7548 > 7\boxed{}52$$

( )개

09 가장 작은 수부터 차례로 기호를 쓴 것은 어느 것입니까? ( )

㉠ 100이 50개인 수
㉡ 1000이 5개, 100이 40개인 수
㉢ 100이 60개, 10이 25개인 수

① ㉠, ㉡, ㉢   ② ㉢, ㉡, ㉠   ③ ㉢, ㉠, ㉡
④ ㉠, ㉢, ㉡   ⑤ ㉡, ㉢, ㉠

10 석기는 숫자 카드 3, 0 을 각각 두 장씩 가지고 있습니다. 만들 수 있는 네 자리 수는 모두 몇 개입니까?

( )개

11 4장의 숫자 카드 0 , 3 , 6 , 9 를 한 번씩만 사용하여 가장 큰 네 자리 수를 만들었을 때, 숫자 **3**이 나타내는 값은 얼마입니까?

( )

12 조건을 모두 만족하는 수는 몇 개입니까?

> • **4000**보다 큰 수입니다.
> • **5000**보다 작은 수입니다.
> • 백의 자리 숫자는 **2**이고, 십의 자리 숫자는 **4**입니다.
> • 일의 자리는 **7**보다 큰 수입니다.

( )개

교과서 응용 과정

13 다음과 같이 뛰어 세기를 할 때, **1234**부터 **10**번 뛰어서 센 수는 얼마입니까?

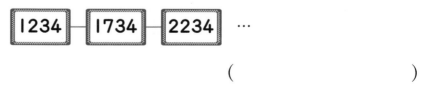

( )

14 숫자 카드를 한 번씩만 사용하여 만들 수 있는 수 중에서 **7000**보다 작은 네 자리 수는 모두 몇 개입니까?

8	3	0	7

(   )개

15 **3947**보다 크고 **4114**보다 작은 수 중에서 백의 자리 숫자와 십의 자리 숫자가 같은 수는 모두 몇 개입니까?

(   )개

16 어떤 수에서 커지는 규칙으로 **100**씩 **8**번 뛰어 세기를 하였더니 **1398**이 되었습니다. 어떤 수는 얼마입니까?

(   )

17 네 자리 수의 크기를 비교했습니다. □ 안에 들어갈 수 있는 숫자를 모두 찾아 합을 구하면 얼마입니까?

$$6527 < \boxed{}652$$

(   )

18 천의 자리 숫자가 **5**, 십의 자리 숫자가 **7**, 일의 자리 숫자가 **9**인 네 자리 수 중에서 **5364**보다 큰 수는 모두 몇 개입니까?

(   )개

19 4장의 숫자 카드 2, 4, 0, 6 을 모두 사용하여 만들 수 있는 네 자리 수는 모두 몇 개입니까?

(   )개

20 뛰어 세는 규칙에 맞게 ㉠, ㉡에 알맞은 수를 구할 때 ㉡은 ㉠보다 얼마 큰 수입니까?

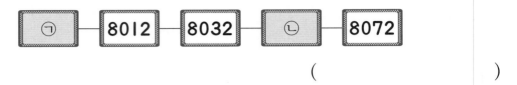

(   )

교과서 심화 과정

21 □ 안에 공통으로 들어갈 수 있는 숫자는 무엇입니까?

$$8756<87\square9 \qquad 3648>3\square52$$

(   )

22 다음과 같이 뛰어서 셀 때 **1400**과 **2900** 사이에 들어가는 수 중 각 자리의 숫자가 모두 다른 수는 몇 개입니까?

$$\boxed{1100} - \boxed{1250} - \boxed{1400} \cdots \boxed{2900}$$

(   )개

23 다음은 핸드폰의 비밀번호 네 자리 수를 설명한 것입니다. 다음 조건을 모두 만족하는 수 중에서 가장 작은 수가 핸드폰의 비밀번호입니다. 비밀번호의 백의 자리 숫자와 일의 자리 숫자의 합은 얼마입니까?

> - 비밀번호의 **4**개 숫자는 모두 다릅니다.
> - 각 자리 숫자의 합은 **16**입니다.
> - 각 자리 숫자 중 가장 큰 숫자에서 가장 작은 숫자를 빼면 **7**입니다.
> - 각 자리 숫자 중 가장 큰 숫자에서 둘째 번으로 큰 숫자를 빼면 **3**입니다.

( )

24 네 자리 수인 두 수의 크기를 비교하였더니 다음과 같았습니다. ★, ♣에 들어 갈 수 있는 두 숫자의 짝을 (★, ♣)으로 나타낼 때, 다음 식을 만족하는 두 숫자 의 짝은 모두 몇 개입니까?

> 7★57 > 765♣

( )개

25 5500보다 크고 5800보다 작은 네 자리 수 5㉠㉡㉢이 있습니다. 네 자리 수 5㉠㉡㉢에서 ㉠ > ㉡ > ㉢인 수는 모두 몇 개입니까?

( )개

교과서 기본 과정

01 다음 중 곱이 가장 큰 것은 어느 것입니까? (   )

① 9×0 ② 8×1 ③ 7×6

④ 5×8 ⑤ 9×4

02 □ 안에 알맞은 수는 얼마입니까?

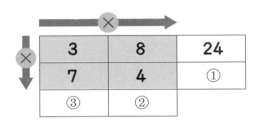

3	8	24
7	4	①
③	②	

①＋②＋③＝ □

(   )

03 동민이는 집에서 하루에 **4**시간씩 공부를 합니다. 동민이가 **7**일 동안 집에서 공부한 시간은 모두 몇 시간입니까?

(   )시간

04 곱셈표의 일부분입니다. ㉠과 같은 수는 어느 것입니까? (   )

×	1	2	3	4	5	6	7	8	9
4				①			㉠		
5			②						
6					③				
7				④				⑤	

05 다음 중에서 계산 결과가 <u>다른</u> 하나는 어느 것입니까? (   )

① 5×0   ② 0+0   ③ 9×0
④ 1+0   ⑤ 0×1

06 □ 안에 알맞은 수는 얼마입니까?

6과 8의 곱보다 3 작은 수는 □입니다.

(   )

07 한초는 **2**주일 동안 수학 문제를 풀었습니다. 처음 **1**주일은 하루에 **5**문제씩 풀었고, 다음 **1**주일은 하루에 **7**문제씩 풀었습니다. 한초가 **2**주일 동안에 푼 수학 문제는 모두 몇 문제입니까?

(   )문제

08 ㉠에 알맞은 수는 얼마입니까?

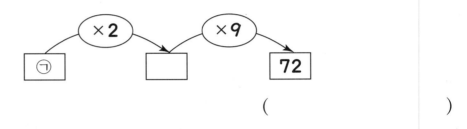

(   )

09 바둑판 위에 바둑돌이 **7**개씩 **8**줄로 놓여 있습니다. 그중에서 흰색 바둑돌이 **32**개이고, 나머지는 검은색 바둑돌입니다. 검은색 바둑돌은 몇 개입니까?

(   )개

10 염소 **9**마리와 닭 몇 마리가 농장에 있습니다. 다리를 모두 세어 보니 **48**개였습니다. 닭은 몇 마리입니까?

(   )마리

11 그림과 같이 길이가 같은 색 테이프 **6**장을 겹치지 않게 이었더니 **42** cm가 되었습니다. 색 테이프 한 장의 길이는 몇 cm입니까?

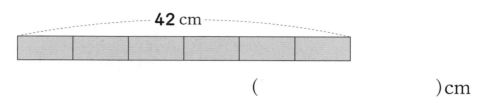

(   )cm

12 □ 안에 알맞은 수는 얼마입니까?

$$3 \times ㉠ = 18 \qquad ㉡ \times 4 = 36$$

$$㉠ \times ㉡ = \boxed{}$$

(   )

교과서 응용 과정

13 한초네 할아버지 댁에는 돼지 **5**마리, 닭 **7**마리, 염소 **6**마리가 있습니다. 할아버지 댁에 있는 동물들의 다리는 모두 몇 개입니까?

(   )개

14 규형이가 과녁맞히기놀이를 하여 다음과 같이 맞혔습니다. 규형이가 얻은 점수는 모두 몇 점입니까?

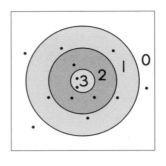

(   )점

15 다음과 같은 규칙으로 바둑돌을 늘어놓았습니다. 7번째에 놓일 바둑돌의 개수는 몇 개입니까?

첫 번째   두 번째   세 번째   네 번째

(   )개

16 ㉠에 알맞은 수를 구하시오.

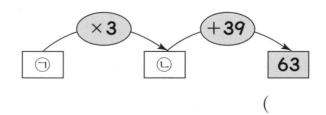

(   )

17 예슬이는 **8**살입니다. 현재 어머니의 연세는 예슬이 나이의 **6**배보다 **5**살 적습니다. **3**년 후 어머니의 연세는 몇 살입니까?

(   )살

18 □ 안에 알맞은 수는 얼마입니까?

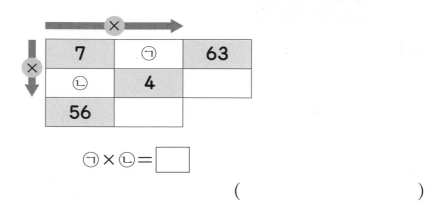

$$㉠ × ㉡ = \boxed{}$$

(   )

19 유승이와 한솔이가 규칙 알아맞히기 게임을 하고 있습니다. 다음은 유승이가 말한 수에 한솔이가 답한 수를 표로 나타낸 것입니다. 유승이가 **7**이라고 말하면 한솔이는 어떤 수로 답하겠습니까?

유승	한솔
2	8
3	15
4	24
5	35

(   )

20 어떤 수에 **5**를 곱한 후 **7**을 더했더니 **7×6**과 같았습니다. 어떤 수는 얼마입니까?

(   )

교과서 심화 과정

21 다음 조건을 만족하는 어떤 수를 모두 찾아 합을 구하면 얼마입니까?

> • 어떤 수와 **4**의 곱은 **15**보다 큽니다.
> • **7**과 어떤 수의 곱은 **50**보다 작습니다.

(   )

22 주어진 식에서 규칙을 찾아 □ 안에 알맞은 수를 구하시오.

$$2 \star 8 = 6 \quad 3 \star 4 = 2 \quad 4 \star 5 = 0$$
$$6 \star 3 = 8 \quad 7 \star 2 = 4 \quad 8 \star 8 = 4$$

$$9 \star 4 = \boxed{}$$

(   )

23 ●, ▲, ■, ★이 서로 다른 수일 때, ●+▲+■+★의 값은 얼마입니까?

(단, ●, ▲, ■, ★은 모두 **20**보다 작은 수입니다.)

$$●×▲=★ \quad ■×9=★ \quad ●×8=48$$

(   )

24 다음은 규칙적으로 계산하여 도형 안에 수를 써넣은 것입니다. 규칙을 찾아 □ 안에 알맞은 수를 구하시오.

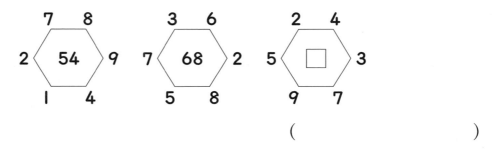

(   )

25 **1**부터 **36**까지의 수가 적힌 빙고 판이 있습니다. 주사위 두 개를 던져서 나온 수를 곱한 값을 차례로 지워나갈 때 최대 몇 개까지 지울 수 있습니까?

(   )개

KMA 단원 평가

교과서 기본 과정

01 다음 중 바른 것은 어느 것입니까? (   )

① 127 cm＝12 m 7 cm

② 305 cm＝3 m 50 cm

③ 340 cm＝3 m 4 cm

④ 5 m 2 cm＝52 cm

⑤ 2 m 6 cm＝206 cm

02 색 테이프의 길이를 ■ m ▲ cm라 할 때, ■＋▲의 값은 얼마입니까?

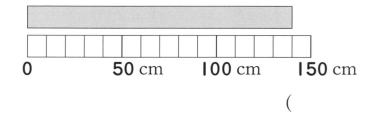

(   )

03 길이가 가장 짧은 것부터 차례대로 기호를 쓴 것은 어느 것입니까? (   )

㉠ 6 m 9 cm	㉡ 69 cm
㉢ 600 cm	㉣ 690 cm

① ㉡, ㉠, ㉢, ㉣

② ㉣, ㉡, ㉠, ㉢

③ ㉡, ㉠, ㉣, ㉢

④ ㉡, ㉢, ㉠, ㉣

⑤ ㉡, ㉢, ㉣, ㉠

04 한별이의 키는 **1** m **32** cm이고 어머니는 한별이보다 **35** cm 더 큽니다. 어머니의 키는 몇 cm입니까?

(   ) cm

05 ○ 안에 알맞은 기호는 어느 것입니까? (   )

$$5 \text{ m } 73 \text{ cm} - 223 \text{ cm} \bigcirc 124 \text{ cm} + 2 \text{ m } 45 \text{ cm}$$

① >   ② =   ③ <

06 □ 안에 들어갈 단위를 차례로 나타낸 것은 어느 것입니까? (   )

- 연필의 길이는 약 **15** □ 입니다.
- 운동장의 긴 쪽의 길이는 약 **80** □ 입니다.

① cm, cm   ② cm, m   ③ m, cm   ④ m, m

07 다음의 길이 중 가장 긴 것과 가장 짧은 것의 길이의 차는 몇 cm입니까?

$$3 \text{ m } 15 \text{ cm} \quad 2 \text{ m } 15 \text{ cm} \quad 400 \text{ cm} \quad 4 \text{ m } 30 \text{ cm}$$

(   ) cm

08 길이가 1 m 28 cm인 색 테이프 3장을 겹치지 않게 이었습니다. 전체 길이를 ■ m ▲ cm라고 할 때 ■＋▲의 값은 얼마입니까?

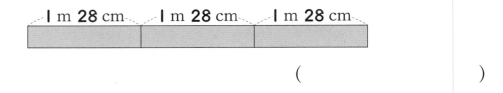

( )

09 교실의 길이를 잴 때 가장 적은 횟수로 잴 수 있는 것은 어느 것입니까?

( )

① 양팔 사이의 길이　　② 발 길이　　　　　③ 한 뼘의 길이
④ 30 cm 자　　　　　⑤ 한 걸음의 길이

10 오른쪽 책꽂이 한 칸의 높이가 45 cm라고 합니다. 웅이의 키는 약 몇 cm입니까?

약 ( ) cm

11 한솔이와 한초는 길이를 어림하여 보고, 또 실제로 재어 보는 놀이를 하였습니다. 어림한 길이와 자로 잰 길이의 차가 작은 사람이 이긴다고 할 때, 두 사람 중 누가 이겼습니까? (   )

이름	어림한 길이	자로 잰 길이
한솔	1 m 40 cm	134 cm
한초	1 m 80 cm	189 cm

① 한솔   ② 한초

12 ㉮에서 ㉣까지의 길이는 몇 cm입니까?

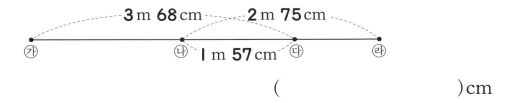

(   )cm

13 다음과 같은 굴렁쇠를 3바퀴 굴렸을 때 굴러간 거리는 모두 ■ m ▲ cm입니다. 이때 ■＋▲의 값은 얼마입니까?

둘레
1 m 32 cm

(   )

14 용희는 길이가 **3 m 15 cm**인 줄을 가지고 있고, 가영이는 길이가 **2 m 76 cm**인 줄을 가지고 있습니다. 두 사람이 가지고 있는 줄을 이어서 긴 줄을 만들었습니다. 줄을 이어 묶을 때 매듭에 사용한 길이가 **43 cm**라면, 이어 만든 줄의 길이는 몇 cm입니까?

( ) cm

15 삼각형에서 가장 긴 변의 길이는 나머지 두 변의 길이의 합보다 몇 cm 짧습니까?

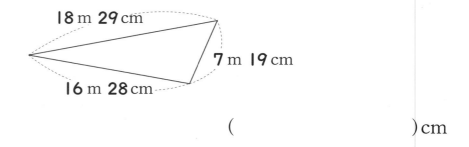

18 m 29 cm

7 m 19 cm

16 m 28 cm

( ) cm

16 공던지기를 하였습니다. 동민이는 **19 m 45 cm**를 던졌고, 예슬이는 동민이보다 **4 m 32 cm** 짧게 던졌고, 석기는 예슬이보다 **5 m 26 cm** 멀리 던졌습니다. 세 사람이 던진 거리의 합을 ■ m ▲ cm라 할 때 ■＋▲의 값은 얼마입니까?

( )

17 다음은 지혜가 양팔로 여러 곳의 길이를 잰 것입니다. 지혜의 양팔 길이는 1 m 20 cm입니다. 교실의 가로 길이는 칠판의 가로 길이보다 몇 cm 더 깁니까?

> • 칠판의 가로 길이 : 양팔 길이의 **2**배
> • 교실의 가로 길이 : 양팔 길이의 **8**배

(   ) cm

18 길이가 1 m 80 cm인 철사에서 몇 cm를 사용하고, 남은 것을 **9** cm씩 잘랐더니 **8**도막이 되었습니다. 사용한 철사의 길이는 몇 cm입니까?

(   ) cm

19 다음과 같이 선물 상자를 묶으려고 합니다. 필요한 끈의 길이를 ■ m ▲ cm라고 할 때 ■＋▲의 값은 얼마입니까? (단, 매듭의 길이는 **24** cm입니다.)

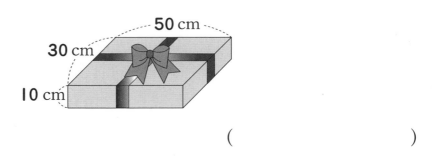

(   )

20 다음 대화를 읽고, 호민이와 민희의 키 차이는 몇 cm인지 구하시오.

> 호민 : 내 키는 122 cm야.
> 수호 : 내 키는 1 m 38 cm야.
> 영지 : 내 키는 호민이와 수호의 딱 중간이구나.
> 민희 : 나는 영지와 5 cm 차이가 나.
> 영지 : 그렇다면 민희는 우리 중에서 두 번째로 키가 크구나.

(   )cm

교과서 심화 과정

21 가, 나, 다 3개의 막대가 있습니다. 가 막대는 나 막대보다 34 cm 더 길고, 나 막대는 다 막대보다 40 cm 더 짧습니다. 다 막대의 길이가 1 m 83 cm일 때, 가 막대의 길이는 몇 cm입니까?

(   )cm

22 길이가 1 m 40 cm인 막대기를 바닥에 떨어뜨렸더니 세 도막이 났습니다. 가장 긴 도막은 가장 짧은 도막보다 12 cm가 길고, 두 번째로 긴 도막보다는 4 cm가 길다면 가장 긴 도막은 몇 cm입니까?

(   )cm

23 학교에서 문구점을 거쳐 은행까지 가는 길의 거리가 ㉠ m ㉡ cm일 때 ㉠+㉡ 의 값을 구하시오.

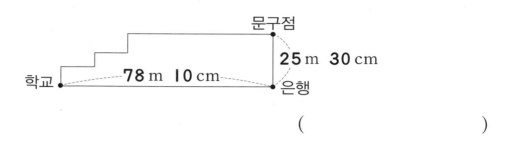

(   )

24 달팽이가 나무 위를 하루 동안 낮에는 **35** cm 올라가고 밤에는 자는 동안 **10** cm 미끄러집니다. 달팽이가 **1** m **50** cm 위 지점까지 올라가는 데에는 며칠이 걸리겠습니까?

(   )일

25 오른쪽 그림과 같이 길이가 각각 **15** cm, **25** cm, **45** cm인 눈금이 없는 막대가 있습니다. 이 막대들을 이용하여 잴 수 있는 길이는 모두 몇 가지입니까?

15 cm

25 cm

45 cm

(   )가지

교과서 기본 과정

01 □ 안에 알맞은 수를 찾아 합을 구하면 얼마입니까?

> 시계에서 긴바늘이 가리키는 작은 눈금 한 칸은 □분을 나타내므로 긴바늘이 숫자 **6**을 가리키면 □분입니다.

( )

02 다음의 시각을 ■시 ▲분이라 할 때, ■＋▲의 값은 얼마입니까?

( )

03 같은 시각끼리 짝지어 놓은 것입니다. 옳지 <u>않은</u> 것은 어느 것입니까?

( )

① **3**시 **50**분－**4**시 **10**분 전 　② **5**시 **45**분－**6**시 **15**분 전
③ **4**시 **30**분－**4**시 **30**분 전 　④ **6**시 **15**분－**7**시 **45**분 전
⑤ **7**시 **55**분－**8**시 **5**분 전

04 영수가 숙제를 시작한 시각과 끝낸 시각을 나타낸 것입니다. 숙제를 하는 데 걸린 시간은 몇 시간입니까?

숙제를 시작한 시각　　　　　숙제를 끝낸 시각

(　　　　　　　　　　)시간

05 효근이가 **40**분 동안 동화책을 읽고 시계를 보니 **5**시 정각이었습니다. 효근이가 동화책을 읽기 시작한 시각을 ■시 ▲분이라고 할 때, ■＋▲의 값은 얼마입니까?

(　　　　　　　　　　)

06 오늘 오전 **8**시부터 내일 오후 **2**시까지는 몇 시간입니까?

(　　　　　　　　　　)시간

07 시계에 **7**시 **45**분을 나타내려고 합니다. 시계의 긴바늘은 어떤 숫자를 가리켜야 합니까?

(   )

🧩 어느 해 **5**월 달력의 일부분입니다. 물음에 답하시오. [**08**~**09**]

일	월	화	수	목	금	토
		1	2	3	4	5

08 이 달의 세 번째 토요일은 며칠입니까?

(   )일

09 이 달의 일요일인 날짜를 모두 찾아 합을 구하면 얼마입니까?

(   )

10 현재 시각은 **8**시 **30**분입니다. 시계의 긴바늘이 **2**바퀴 반을 돌고 난 후의 시각은 몇 시입니까?

(   )시

11 예슬이는 오전 **10**시 **20**분에 그림을 그리기 시작하여 오후 **12**시 **9**분에 그림을 완성했습니다. 예슬이가 그림을 그리는 데 걸린 시간을 ■시간 ▲분이라 할 때, ■＋▲의 값은 얼마입니까?

(   )

12 시간이 짧은 것부터 차례로 기호를 쓴 것은 어느 것입니까? (   )

> ㉠ **3**시간   ㉡ **170**분
> ㉢ **200**분   ㉣ **2**시간 **40**분

① ㉢, ㉠, ㉡, ㉣   ② ㉢, ㉠, ㉣, ㉡   ③ ㉡, ㉢, ㉠, ㉣
④ ㉣, ㉠, ㉡, ㉢   ⑤ ㉣, ㉡, ㉠, ㉢

교과서 응용 과정

13 시계의 짧은바늘이 숫자 **5**와 **6** 사이에 있고, 시계의 긴바늘이 숫자 **7**에서 숫자 **8**쪽으로 작은 눈금 **2**칸 간 곳을 가리키면 ★시 ♣분입니다. 이때 ★＋♣의 값은 얼마입니까?

(   )

14 축구 경기는 전반과 후반 각각 **45**분씩 하며, 그 사이에 **10**분 동안 휴식 시간이 있습니다. 오후 **8**시에 전반전이 시작되었다면, 경기가 끝나는 시각은 오후 ■시 ▲분입니다. 이때 ■+▲의 값은 얼마입니까?

( )

15 어느 해의 **7**월 **17**일 제헌절은 목요일이었습니다. 그 해의 **8**월 **15**일 광복절은 무슨 요일입니까? ( )

① 월요일 ② 화요일 ③ 수요일
④ 목요일 ⑤ 금요일

16 민호는 2시간 **10**분 동안 놀이를 하고 난 후 시계를 보았더니 **5**시 **10**분 전이었습니다. 민호가 놀이를 시작한 시각은 ●시 ■분이라고 할 때, ●+■의 값은 얼마입니까?

( )

17 어느 해 **9**월 달력의 일부분입니다. 이 해의 **10**월 **9**일 한글날은 무슨 요일입니까? (   )

일	월	화	수	목	금	토
					1	2
3	4	5	6	7	8	9

① 일요일   ② 월요일   ③ 화요일

④ 목요일   ⑤ 금요일

18 한솔이의 생일은 **12**월 **2**일입니다. 오늘이 **10**월 **15**일이라면 한솔이의 생일은 ■주일 ▲일 남았습니다. 이때 ■＋▲의 값은 얼마입니까?

(   )

19 어느 해 **11**월 달력에서 어떤 주의 일요일부터 토요일까지 한 주 동안의 날짜들의 합이 **49**였습니다. 이 달의 마지막 토요일은 며칠입니까?

(   )일

20 유승이네 모둠 학생들이 독서를 시작한 시각과 끝낸 시각을 나타낸 것입니다. 독서를 가장 오랫동안 한 사람은 누구입니까? (   )

	시작한 시각	끝낸 시각
① 유승	3시 20분	4시 35분
② 한솔	4시 20분 전	5시 30분
③ 지혜	3시 35분	5시 10분 전
④ 예슬	3시 55분	5시
⑤ 하늘	4시 35분 전	5시 5분 전

교과서 심화 과정

21 한 시간에 1분씩 느려지는 시계가 있습니다. 이 시계의 시각을 오늘 오전 10시에 정확하게 맞추었습니다. 내일 오후 6시에 이 시계가 가리키는 시각은 오후 ■시 ●분입니다. 이때 ■＋●의 값은 얼마입니까?

(   )

22 서울에서 어느 지역까지 가는 고속버스는 오전 6시 30분에 첫차가 출발하고 40분 간격으로 운행됩니다. 오전 동안에 출발하는 고속버스는 모두 몇 대입니까?

(   )대

23 길이가 **3** m인 통나무를 **30** cm씩 **10**도막으로 잘랐습니다. 한 번 자르는 데 **8**분이 걸렸고, 한 번 자른 후 **3**분씩 쉬었습니다. 이 통나무를 자르기 시작한 시각이 **9**시 **20**분이라면 **10**도막으로 다 잘랐을 때의 시각은 ★시 ♣분입니다. 이때 ★+♣의 값은 얼마입니까?

( )

24 현지의 생일은 **1**㉠월 **3**㉡일 일요일입니다. 같은 해의 **9**월 **1**일이 금요일일 때 ㉠×**5**+㉡의 값을 구하시오.

( )

25 다음과 같이 숫자가 쓰여 있지 않은 시계가 있습니다. 이 시계를 거울에 비추어 보았더니 다른 시각이 되었습니다. 실제 시각과 거울에 비친 시각의 차이는 **2**시간(또는 **10**시간)입니다. 하루 중 실제 시각과 거울에 비친 시각의 차이가 **3**시간(또는 **9**시간)일 때는 모두 몇 번입니까?

실제 시각   거울에 비친 시각

( )번

교과서 기본 과정

01 다음 중 잘못된 것은 어느 것입니까? (   )

① 999보다 1 큰 수는 1000입니다.

② 90보다 100 큰 수는 1000입니다.

③ 900보다 100 큰 수는 1000입니다.

④ 100의 10배는 1000입니다.

⑤ 990보다 10 큰 수는 1000입니다.

02 동민이의 저금통에 들어 있는 돈을 알아본 것입니다. 저금통에 들어 있는 돈은 모두 얼마입니까? (   )

> 1000원짜리 지폐 3장
> 100원짜리 동전 15개
> 10원짜리 동전 22개

① 3520원   ② 3620원   ③ 3720원

④ 4520원   ⑤ 4720원

03 다음 중 가장 큰 수는 어느 것입니까? (   )

① 8902   ② 8890   ③ 8853

④ 8911   ⑤ 8910

04 다음 중 계산 결과가 **3×8**과 같은 것은 모두 몇 개입니까?

7×4	6×4	9×3
4×6	8×3	5×4

( )개

05 ㉯는 ㉮보다 **24**가 더 큽니다. □ 안에 알맞은 수는 얼마입니까?

㉮ **6×3** ㉯ **6×**□

( )

06 사탕은 **4**개씩 **3**명에게 나누어 주고, 초콜릿은 **5**개씩 **7**명에게 나누어 주려고 합니다. 필요한 사탕과 초콜릿은 모두 몇 개입니까?

( )개

07 색 테이프의 길이는 몇 cm입니까?

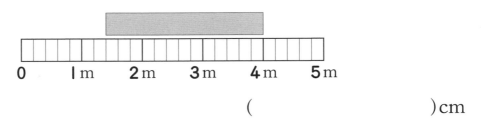

0 1m 2m 3m 4m 5m

( )cm

08 길이가 가장 긴 것부터 차례대로 번호를 쓸 때, 셋째 번에 놓이는 것은 어느 것입니까? (   )

① **3 m 3 cm**	② **330 cm**	③ **3 m**
④ **33 cm**	⑤ **3 cm**	⑥ **3 m 33 cm**

09 아버지의 키는 **1 m 70 cm**이고 한솔이의 키는 **136 cm**입니다. 아버지는 한솔이보다 몇 cm 더 큽니까?

(   )cm

10 시계가 나타내는 시각은 **1**시 몇 분입니까?

(   )분

11 ㅣ시에서 시계의 긴바늘이 두 바퀴를 돌았을 때, 시계의 긴바늘이 가리키는 숫자와 짧은바늘이 가리키는 숫자의 합은 얼마입니까?

(   )

12 어느 해 ㅣ0월 두 번째 금요일은 ㅣ2일입니다. 이 달의 금요일인 날짜들의 합은 얼마입니까?

(   )

교과서 응용 과정

13 ㉠이 나타내는 값은 ㉡이 나타내는 값의 몇 배입니까?

$$5678 \quad 4276$$
㉠ ㉡

(   )배

14 □ 안에 들어갈 수 있는 숫자를 모두 더하면 얼마입니까?

$$8365 < 83\boxed{}7$$

(   )

15 우유를 웅이는 매일 **2**컵씩, 지혜는 매일 **3**컵씩 마시고 있습니다. 웅이와 지혜가 화요일부터 토요일까지 마신 우유는 모두 몇 컵입니까?

(   )컵

16 다음 **5**장의 숫자 카드를 사용하여 다음과 같은 식을 만들려고 합니다. □ 안에 알맞은 카드의 수를 찾아 합을 구하면 얼마입니까?

3	5	7	4	2

$$\boxed{} \times \boxed{} - \boxed{} = \boxed{2}\,\boxed{3}$$

(   )

17 선생님께서 영수, 한초, 신영, 규형이에게 어림하여 **6 m**가 되도록 끈을 자르라고 하셨습니다. 자른 끈의 길이가 각각 다음과 같다면 **6 m**에 가장 가깝게 자른 사람은 누구입니까? (   )

이름	영수	한초	신영	규형
끈의 길이(cm)	586	591	612	610

① 영수   ② 한초   ③ 신영   ④ 규형

18 ㉯에서 ㉰까지의 거리는 ㉯에서 ㉮까지의 거리보다 ■ m ▲ cm 더 멀다고 할 때, ■＋▲의 값은 얼마입니까?

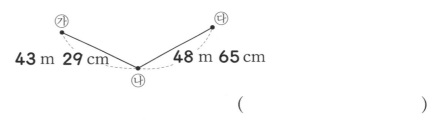

(   )

19 전기 사고가 나서 그저께 오후 **5**시부터 오늘 오전 **9**시까지 아파트 전체에 정전이 되었습니다. 정전이 되었던 시간은 모두 몇 시간입니까?

(   )시간

20 진성이는 오늘 오후 **2**시 **30**분부터 거울에 비친 시계의 현재 시각까지 도서관에서 책을 읽었습니다. 책을 읽은 시간은 모두 몇 분입니까?

(   )분

교과서 심화 과정

21 □ 안에 들어갈 수 있는 수 중에서 십의 자리와 일의 자리의 숫자가 같은 수는 모두 몇 개입니까?

$$4854 < \boxed{} < 5130$$

(   )개

---

22 유승이와 한솔이는 둘 만의 규칙을 사용하여 수를 말하기로 하였습니다. 아래는 유승이가 말한 네 자리 수를 한솔이가 규칙에 따라 답을 한 것입니다. 유승이가 **6234**를 말하면 한솔이는 어떤 수를 답해야 합니까?

(   )

〈유승〉		〈한솔〉
3256	➡	611
2485	➡	813
5632	➡	305
4713	➡	284
6234	➡	?

23 칠판의 길이에 대한 대화를 읽고 칠판의 길이는 몇 cm인지 구하시오.

> 서윤 : 내 키는 1 m 30 cm인데 칠판의 가로 길이는 내 키의 두 배
> 인 것 같아.
> 윤지 : 아니야, 그것보다 40 cm는 더 작아보여.
> 동민 : 내가 볼 때는 서윤이가 어림한 것보다 10 cm는 큰 것 같아.
> 정현 : 내가 직접 재어 보니, 윤지가 어림한 것과 동민이가 어림한 것의
> 딱 중간 길이야.

(   )cm

24 행복도시로 가는 기차의 첫차가 출발하는 시각은 6시 25분입니다. 이때 디지털시계가 나타내는 숫자의 합은 6+2+5=13입니다. 행복도시로 가는 둘째번 기차의 시각은 디지털시계로 나타내었을 때의 숫자의 합이 처음으로 22가 될 때라고 합니다. 둘째 번 열차가 출발하는 시각은 첫차가 출발 한지 몇 분 후입니까?

(   )분 후

25 10월 첫 번째 월요일은 사촌 동생이 태어난 날을 포함하여 백일이 되는 날입니다. 사촌 동생이 태어난 날을 알아보면 ㉠월 ㉡일입니다. ㉠+㉡은 얼마입니까?

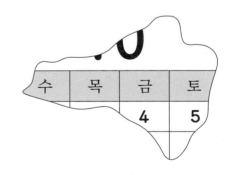

(   )

01 1000을 바르게 설명한 것은 어느 것입니까? (   )

① 99 다음의 수   ② 990보다 1 큰 수

③ 10씩 10묶음인 수   ④ 999보다 10 큰 수

⑤ 900보다 100 큰 수

02 □ 안에 들어갈 수 있는 숫자를 모두 찾아 합을 구하면 얼마입니까?

$$4763 < 4\boxed{}59$$

(   )

03 5장의 숫자 카드 [0], [4], [5], [7], [9] 중 4장을 뽑아 만들 수 있는 네 자리 중에서 가장 큰 수는 셋째로 큰 수보다 얼마 큰 수입니까?

(   )

04 □ 안에 알맞은 수는 얼마입니까?

$$9 \times 8 = \boxed{} \times 9$$

(   )

05 4명이 딱지치기를 하고 있는데 2명이 더 왔습니다. 한 사람이 딱지를 7개씩 가지고 있다면 딱지는 모두 몇 개입니까?

(   )개

06 다음 식에서 ㉠＋㉡은 얼마입니까?

$$7 \times 3 = \boxed{㉠}, \quad 6 \times \boxed{㉡} = 54$$

(   )

07 다음 중 바른 것은 어느 것입니까? (   )

① $204\,cm = 2\,m\,40\,cm$ ② $136\,cm = 13\,m\,6\,cm$

③ $475\,cm = 4\,m\,75\,cm$ ④ $380\,cm = 3\,m\,8\,cm$

⑤ $920\,cm = 9\,m\,2\,cm$

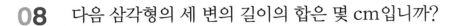

08 다음 삼각형의 세 변의 길이의 합은 몇 cm입니까?

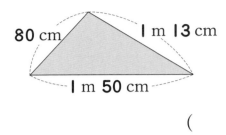

(　　　　　　)cm

09 미애의 키는 132 cm이고, 송이의 키는 1 m 25 cm입니다. 미애는 송이보다 몇 cm 더 큽니까?

(　　　　　　)cm

10 □ 안에 알맞은 수는 얼마입니까?

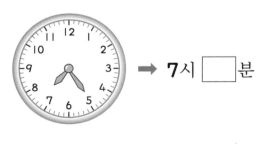

➡ **7**시 □분

(　　　　　　)

11 달력의 일부분이 찢어져 있습니다. 이 달의 세 번째 토요일은 며칠입니까?

5월

일	월	화	수	목	금	토
					1	2
4	5	6	7	8		

(   )일

12 규칙을 찾아 일곱째 번 시계의 시각은 몇 시인지 구하시오.

첫째　　　둘째　　　셋째　　　넷째

(   )시

교과서 응용 과정

13 수직선에서 ㉠이 나타내는 값은 얼마입니까? (   )

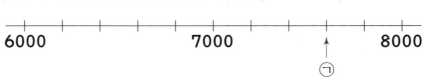

① 7150　　　　　② 7300　　　　　③ 7450
④ 7600　　　　　⑤ 7750

14 가장 큰 수부터 차례로 기호를 쓴 것은 어느 것입니까? (   )

> ㉠ 1000이 7개, 100이 3개, 10이 0개, 1이 4개인 수
> ㉡ 칠천사백이십보다 100 작은 수
> ㉢ 천의 자리 숫자가 7, 백의 자리 숫자가 3, 십의 자리 숫자가 1, 일의 자리 숫자가 5인 수
> ㉣ 육천삼백이십보다 1000 큰 수

① ㉣, ㉢, ㉡, ㉠   ② ㉣, ㉡, ㉢, ㉠   ③ ㉡, ㉣, ㉢, ㉠
④ ㉡, ㉣, ㉠, ㉢   ⑤ ㉢, ㉣, ㉡, ㉠

15 ㉠과 ㉡에 알맞은 수를 찾아 합을 구하면 얼마입니까?

> • $4 \times ㉠ + 6 \times 3 = 38$
> • $8 \times 4 - 4 \times ㉡ = 20$

(   )

16 다음은 양팔 저울의 양쪽 접시에 같은 무게만큼의 모양 추를 올려놓은 것입니다. 물음표에 들어갈 동그라미 추는 모두 몇 개입니까?

  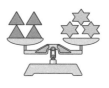 

(   )개

17 길이가 1 m 48 cm인 색 테이프 2장을 그림과 같이 52 cm가 겹치도록 붙이면, 전체 길이는 ★ m ● cm가 됩니다. 이때 ★＋●의 값은 얼마입니까?

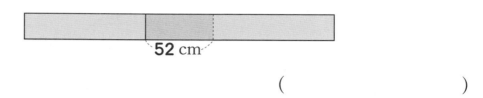

52 cm

(   )

18 다음은 한초와 친구들이 물건의 길이를 어림하고, 그 길이를 재어 나타낸 것입니다. 어림한 길이와 실제 길이의 차가 가장 작은 사람은 누구입니까?

(   )

이름	어림한 길이	실제 길이
한초	3 m	3 m 40 cm
석기	618 cm	6 m 30 cm
용희	5 m 15 cm	5 m
웅이	7 m	708 cm

① 한초   ② 석기   ③ 용희   ④ 웅이

19 어느 해의 5월 5일 어린이날은 수요일입니다. 같은 해 7월 17일 제헌절은 무슨 요일입니까? (   )

① 월요일   ② 화요일   ③ 수요일   ④ 목요일

⑤ 금요일   ⑥ 토요일   ⑦ 일요일

20 다음은 오늘 오전에 거울에 비쳐서 본 시계입니다. 오후 **2**시에 우주왕복선이 발사된다고 합니다. 앞으로 몇 분 뒤에 우주왕복선이 발사되겠습니까?

(   )분

교과서 심화 과정

21 서윤이의 저금통에는 다음과 같이 **3440**원이 들어 있습니다. **100**원짜리 동전은 모두 몇 개 들어 있습니까?

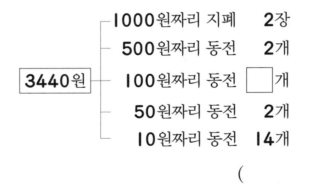

3440원	1000원짜리 지폐	2장
	500원짜리 동전	2개
	100원짜리 동전	☐개
	50원짜리 동전	2개
	10원짜리 동전	14개

(   )개

22 유리병에 사탕이 **100**개보다 적게 들어 있습니다. 이 사탕을 **8**개씩 봉지에 나누어 담으면 **5**개가 남고, **7**개씩 봉지에 나누어 담아도 **5**개가 남는다면 처음 유리병에 들어 있는 사탕은 몇 개입니까?

(   )개

23 다음은 학생들의 키를 비교한 것입니다. 키가 가장 작은 사람과 가장 큰 사람의 키의 차는 몇 cm입니까?

> • 수지는 하은이보다 **5** cm 더 크고, 하은이는 미나보다 **7** cm 더 작습니다.
> • 미나는 은섭이보다 **6** cm 더 크고, 은섭이는 수강이보다 **6** cm 더 큽니다.
> • 수강이는 미진이보다 **4** cm 더 크고, 미진이가 **45** cm 더 크면 **1** m **70 cm** 가 됩니다.

(   )cm

24 선영이의 디지털 시계는 고장이 나서 콜론(:)표시가 오른쪽과 같이 보이지 않습니다. 오른쪽과 같은 선영이의 디지털 시계에서 앞으로 읽거나 뒤로 읽어도 똑같이 읽을 수 있는 시각은 오전 **8**시부터 오후 **1**시까지 모두 몇 번 나타납니까?

(   )번

25 성민이네 집에는 매시 정각마다 짧은바늘이 가리키는 수만큼 종이 울리는 시계가 두 개 있습니다. 그런데 그중 한 개가 고장이 나서 **1**시간에 **12**분씩 느리게 갑니다. 두 시계를 오늘 오후 **2**시 **30**분에 똑같이 맞춘 후로부터 정상적인 시계의 종이 모두 합해 **33**번 울리는 순간까지 고장 난 시계의 종은 몇 번 울리겠습니까?

(   )번

교과서 기본 과정

01 다음 중 가장 큰 수는 어느 것입니까? (   )

① 5680보다 100 큰 수
② 6790보다 1000 작은 수
③ 5890보다 1 작은 수
④ 1000이 5개, 10이 60개, 1이 7개인 수
⑤ 5790보다 100 작은 수

02 어떤 수에서 100씩 9번 뛰어 세기를 하였더니 1756이 되었습니다. 어떤 수는 얼마입니까?

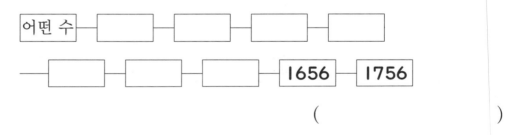

(   )

03 천의 자리 숫자가 5, 백의 자리 숫자가 4인 네 자리 수 중에서 5495보다 큰 수는 모두 몇 개입니까?

(   )개

04 □ 안에 알맞은 수는 얼마입니까?

$$3+3+3+3+3=3 \times \boxed{\bigcirc}$$

(   )

05 바둑돌의 수를 <u>틀리게</u> 나타낸 것은 어느 것입니까? (   )

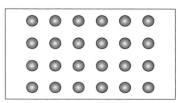

① **8개씩 3묶음**   ② **3개씩 8묶음**   ③ **4개씩 6묶음**
④ **6개씩 4묶음**   ⑤ **9개씩 3묶음**

06 체육 시간에 선생님께서 학생들을 **9**명씩 **6**줄로 나란히 세우셨습니다. 학생들은 모두 몇 명입니까?

(   )명

07 다음 표는 유승이가 시소의 길이를 어림한 후 실제로 잰 길이를 나타낸 것입니다. 유승이가 어림한 길이와 실제로 잰 길이의 차는 몇 cm입니까?

물건	어림한 길이	실제로 잰 길이
시소	3 m	325 cm

(   )cm

08 준호의 키는 1 m 35 cm이고, 주희의 키는 준호보다 18 cm 작습니다. 주희의 키는 몇 cm입니까?

(   )cm

09 길이가 가장 짧은 것은 어느 것입니까? (   )

① 386 cm   ② 5 m 3 cm   ③ 430 cm

④ 3 m 75 cm   ⑤ 390 cm

10 □ 안에 알맞은 수는 얼마입니까?

$$1시간\ 35분 = \boxed{} 분$$

(   )

11 달력의 일부분이 찢어져 있습니다. 이 달의 네 번째 금요일은 며칠입니까?

7월

일	월	화	수	목	금	토
					1	2
3	4	5				

(   )일

12 □ 안에 알맞은 수는 무엇입니까?

➡ **9**시 □ 분 전

(   )

교과서 응용 과정

13 다음 식이 성립할 때, 0부터 9까지의 숫자 중 □ 안에 들어갈 수 있는 숫자는 모두 몇 개입니까?

$$2\boxed{}96 < 2898$$

(   )개

14 가장 큰 수부터 차례로 기호를 쓴 것은 어느 것입니까? (   )

> ㉠ 1000이 6개, 100이 15개, 10이 5개인 수
> ㉡ 7632보다 400 작은 수
> ㉢ 6394보다 1000 큰 수

① ㉡, ㉢, ㉠   ② ㉡, ㉠, ㉢   ③ ㉢, ㉠, ㉡
④ ㉠, ㉢, ㉡   ⑤ ㉠, ㉡, ㉢

15 다음에서 ★은 어떤 수입니까?

> • ★은 35보다 크고 40보다 작습니다.
> • ★을 6씩 묶으면 남는 것이 없습니다.

(   )

16 한 봉지에 **2**개씩 들어 있는 호빵 **5**봉지와 **4**개씩 들어 있는 호빵 **3**봉지가 있습니다. 이 중에서 호빵 **5**개를 꺼내어 먹었습니다. 남은 호빵은 모두 몇 개입니까?

( )개

17 다음 중 길이가 가장 짧은 것은 어느 것입니까? ( )

① **246** cm＋**124** cm

② **8** m **47** cm－**318** cm

③ **1** m **27** cm＋**3** m **46** cm

④ **125** cm＋**3** m **8** cm

⑤ **6** m의 테이프에서 **2** m **36** cm를 쓰고 남은 테이프의 길이

18 다음 대화를 읽고, 세 명이 가진 막대로 잴 수 있는 가장 긴 길이는 몇 cm인지 구하시오.

> **경호** : 내가 가지고 있는 막대는 **134** cm야.
>
> **수진** : 내가 가지고 있는 막대는 경호의 막대보다 **1** m **53** cm가 더 길어.
>
> **호성** : 내가 가지고 있는 막대는 경호의 막대보다 **81** cm가 더 길어.

( )cm

19 놀이동산의 청룡열차가 처음 출발하는 시각은 오전 **9**시 **15**분이고, **25**분 간격으로 운행한다고 합니다. 청룡열차에는 한 번에 **46**명이 탑승 가능하고, 모든 열차에 사람들이 가득 탔을 때, 오전 중 청룡열차를 탄 사람은 모두 몇 명입니까?

( )명

20 달력에서 색칠한 사각형 안의 네 수의 합은 **40**이며, 그중 가장 큰 수는 **14**입니다. 같은 방법으로 만든 사각형 안의 수의 합이 **104**일 때, 그중 가장 작은 수는 얼마입니까?

일	월	화	수	목	금	토
				1	2	3	4
5	6	7	8	9	10	11
12	13	14	15	16	17	18
19	20	21	22	23	24	25
26	27	28	29	30		

(   )

교과서 심화 과정

21 하은이는 **1000**원짜리 지폐 **3**장, **500**원짜리 동전 **5**개, **100**원짜리 동전 **18**개, **10**원짜리 동전 **26**개를 가지고 있습니다. 이것을 모두 **10**원짜리 동전으로 바꾼다면 모두 몇 개로 바꿀 수 있습니까?

(   )개

22 다음은 배, 사과, 귤의 무게를 서로 비교한 것입니다. 사과 **5**개의 무게는 귤 몇 개의 무게와 같습니까?

> 배 **3**개는 사과 **9**개의 무게와 같고, 배 **4**개는 귤 **36**개의 무게와 같습니다.

(   )개

23 그림과 같이 색 테이프 **4**장을 **3** cm씩 겹치도록 이어 붙였더니 길이가 **31** cm였습니다. 이와 같은 방법으로 색 테이프 **11**장을 이어 붙이면 전체 길이는 몇 cm입니까?

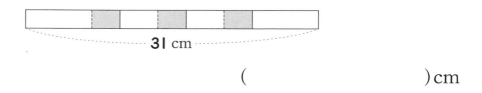

31 cm

(   ) cm

24 다음 조건 에 따라 ㉮역과 ㉯역에서 오전 **6**시부터 기차가 일정한 간격으로 출발하고 있습니다. ㉮역과 ㉯역을 출발한 기차가 ㉰역에서 만나는 시각은 오전 시간 동안 몇 번 있습니까?

> 조건
> • 기차가 ㉮역을 출발하여 ㉰역에 도착하는 데 **30**분 걸리고 **8**분마다 출발합니다.
> • 기차가 ㉯역을 출발하여 ㉰역에 도착하는 데 **40**분 걸리고 **6**분마다 출발합니다.

(   )번

25 지유와 민수는 아래의 규칙에 따라 **3 · 6 · 9**게임을 하고 있습니다. 둘이서 **3001**부터 **3100**까지 말했다면 두 명이 친 박수는 모두 몇 번입니까?

> <**3 · 6 · 9** 게임 규칙>
> • 번갈아 가면서 이어지는 수를 이야기한다.
> • 내가 말해야 할 수에 숫자 **3**, **6**, **9**가 들어 있는 수만큼 박수를 친다.
> 예 **3015**이면 **1**번, **3016**이면 **2**번 박수를 칩니다.

(   )번

01 1000원이 되도록 묶었을 때 남는 돈은 얼마입니까?

(   )원

02 다음 중 숫자 8이 나타내는 값이 가장 큰 것은 어느 것입니까? (   )

① 3841   ② 1928   ③ 9382

④ 8064   ⑤ 5849

03 한솔이는 100원짜리 동전 49개, 10원짜리 동전 30개를 가지고 있습니다. 한솔이가 가지고 있는 동전을 은행에서 1000원짜리 지폐로 바꾸면 몇 장까지 바꿀 수 있습니까?

(   )장

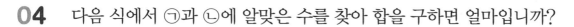

04 다음 식에서 ㉠과 ㉡에 알맞은 수를 찾아 합을 구하면 얼마입니까?

$$9+9+9+9+9+9+9=9 \times \boxed{㉠} = \boxed{㉡}$$

(   )

05 구슬의 개수를 곱셈식으로 구하려고 합니다. ㉮에 들어갈 수는 무엇입니까?

$$4 \times \boxed{㉮} = \boxed{20}$$

(   )

06 □ 안에 알맞은 수는 무엇입니까?

$$132-61-23=6 \times \boxed{}$$

(   )

07 □ 안에 알맞은 수는 무엇입니까?

$$9 \text{ m } 7 \text{ cm} = \boxed{} \text{ cm}$$

(   )

08 보기 에서 cm로 나타내기에 알맞은 것은 모두 몇 개입니까?

보기
- ㉠ 교실의 가로 길이
- ㉡ 필통의 길이
- ㉢ 수학책의 세로 길이
- ㉣ 가운데 손가락 길이
- ㉤ 한강의 길이
- ㉥ 딱풀의 길이

(   )개

09 영수는 길이가 3 m 50 cm인 끈에서 1 m 20 cm만큼 잘라 사용하였습니다. 남은 끈은 몇 cm입니까?

(   ) cm

10 다음 글에서 ㉮, ㉯에 알맞은 말을 차례로 나타낸 것은 어느 것입니까?

( )

> • 오늘은 해가 ㉮ **7**시 **30**분에 떴습니다.
>
> • 나는 ㉯ **6**시 **30**분에 저녁식사를 했습니다.

① 오전, 오후   ② 오후, 오전   ③ 오전, 오전

④ 낮, 아침   ⑤ 오후, 오후

11 여름 방학은 **4**주 **3**일이고, 겨울 방학은 **6**주 **4**일입니다. 겨울 방학은 여름 방학보다 며칠 더 깁니까?

( )일

12 다음은 영수가 숙제를 시작한 시각과 끝낸 시각을 나타낸 것입니다. 숙제를 하는 데 걸린 시간은 몇 분입니까?

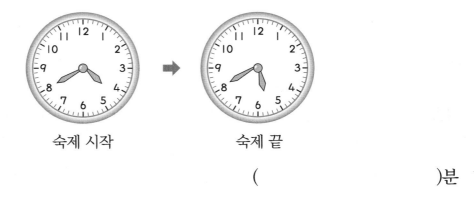

숙제 시작   숙제 끝

( )분

교과서 응용 과정

13 5장의 숫자 카드 1 , 3 , 7 , 0 , 6 중에서 **4**장을 뽑아 만들 수 있는 네 자리 수 중에서 가장 큰 수와 넷째로 큰 수의 차를 구하시오.

( )

14 **1000**이 ㉠개, **100**이 ㉡개, **10**이 ㉢개, **1**이 ㉣개이면 **5432**입니다. 이때 ㉠＋㉡＋㉢＋㉣의 값 중에서 가장 작은 값은 얼마입니까?

( )

15 다음은 하영이와 선재의 과녁맞히기 놀이 결과입니다. 하영이와 선재가 각각 **10**발씩 쏘기로 했을 때 선재가 마지막 화살을 몇 점짜리 과녁에 맞혀야 하영이와 동점을 기록할 수 있겠습니까?

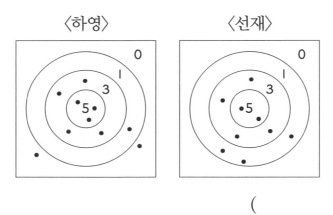

( )점

16 **1**반은 한 모둠에 **6**명씩 **4**모둠이 있고 **2**반은 한 모둠에 **5**명씩 **5**모둠이 있습니다. **1**반과 **2**반의 학생들이 운동장에 모두 모여 줄을 서려고 할 때 한 줄에 몇 명씩 서야 남는 사람이 없이 줄을 설 수 있습니까? (단, **1**줄에 **1**명씩 또는 **1**줄에 모든 학생이 줄을 설 수는 없습니다.)

( )명

17   □ 안에 들어갈 수 중 가장 큰 수와 가장 작은 수의 합을 구하시오.

> 500 cm=□ m   3 m 67 cm=□ cm
>
> 418 cm=□ m □ cm   2 m=□ cm

(   )

18   길이가 1 m 68 cm인 종이테이프를 서로 다른 길이로 세 도막으로 나누었습니다. 잘린 세 개의 종이테이프를 13 cm씩 겹치도록 이어 붙였다면 이어 붙인 종이테이프 전체의 길이는 몇 cm입니까?

(   ) cm

19   다음은 지희네 반 시간표입니다. 1교시를 오전 9시에 시작했다면 4교시가 끝나는 시각은 오후 ㉠시 ㉡분입니다. ㉠과 ㉡의 합을 구하시오.

	활동 시간
1교시	40분
쉬는 시간	10분
2교시	40분
쉬는 시간	10분
3교시	40분
점심 식사	30분
4교시	40분

(   )

20 9시 20분에 떠나는 버스를 타기 위해 집에서 나와 25분 동안 걸었더니 버스 출발 시각 5분 전에 정류장에 도착하였습니다. 집에서 8시 몇 분에 나왔습니까?

(   )분

교과서 심화 과정

21 다음과 같이 뛰어서 셀 때 3789와 5589 사이에 들어가는 수는 모두 몇 개입니까?

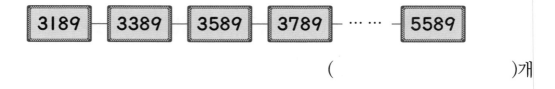

(   )개

22 다음은 어떤 규칙에 따라 흰색과 검은색 바둑돌을 늘어놓은 것입니다. 아홉째 번에는 흰색 바둑돌이 검은색 바둑돌보다 몇 개 더 많이 놓이게 됩니까?

첫째 번   둘째 번   셋째 번

(   )개

23 길이가 서로 다른 막대 ㉮와 ㉯가 있습니다. 두 막대를 사용하여 점 ㄱ에서 점 ㄴ까지의 거리를 재었더니 ㉮ 막대로는 **5**번, ㉯ 막대로는 **7**번을 재니 꼭맞았습니다. ㉮ 막대가 ㉯ 막대의 길이보다 **20** cm 더 길다면 점 ㄱ에서 점 ㄴ까지의 거리는 몇 cm입니까?

ㄱ ————————————————•———— ㄴ

(   ) cm

24 상연이네 집에 있는 자명종 시계는 **1**시에 한 번, **2**시에 두 번, **3**시에 세 번, … 종이 울립니다. 어느 날 **2**시 **40**분 이후부터 자명종 시계가 **19**번째 울릴 때의 시각은 몇 시입니까?

(   )시

25 **1**부터 **30**까지의 수 카드가 앞면이 보이게 차례로 놓여 있습니다. 동생이 **2**, **4**, **6**, …, **30**의 **2**의 단 카드를 뒷면이 보이게 뒤집었고, 그 다음에 형이 **3**, **6**, **9**, …, **30**의 **3**의 단 카드를 앞면은 뒷면이 보이게, 뒷면은 앞면이 보이게 뒤집었습니다. 형이 뒤집기를 모두 마친 후 **30**장의 숫자 카드 중에서 앞면이 보이는 카드는 모두 몇 장입니까?

(   )장

교과서 기본 과정

01 친구들이 1000 만들기 놀이를 하고 있습니다. 빈 곳에 알맞은 수는 얼마입니까?

(   )

02 규칙에 따라 뛰어서 센 것입니다. 몇씩 뛰어서 센 것입니까?

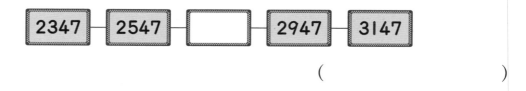

(   )

03 천 모형 4개, 백 모형 5개, 십 모형 □개, 일 모형 6개로 4626을 만들었습니다. 십 모형은 몇 개입니까?

(   )개

04　□ 안에는 같은 수가 들어갑니다. □ 안에 알맞은 수는 무엇입니까?

$$\square + \square + \square + \square + \square = 40$$

(　　　　　　　　　　)

05　메뚜기는 다리가 **6**개 있습니다. 메뚜기 **7**마리의 다리는 모두 몇 개입니까?

(　　　　　　　　　)개

06　강당에 **7**명씩 앉을 수 있는 의자 **6**개와 **3**명씩 앉을 수 있는 의자 **9**개가 있습니다. 강당에 있는 의자에는 모두 몇 명이 앉을 수 있습니까?

(　　　　　　　　　)명

07　□ 안에 알맞은 수는 얼마입니까?

$$4 \text{ m } 9 \text{ cm} = \square \text{ cm}$$

(　　　　　　　　　　)

08 교실의 벽의 길이를 재는 데 가장 적은 횟수로 잴 수 있는 것은 어느 것입니까? (   )

① 한 뼘   ② 발 길이   ③ 한 걸음의 길이
④ **30** cm의 자   ⑤ 양팔 사이의 길이

09 지영이의 한 뼘의 길이는 **15** cm입니다. 미술 시간에 끈을 **5**뼘의 길이만큼 잘라서 꽃을 만들고, **2**뼘의 길이만큼 잘라서 잎을 만들었습니다. 사용한 끈의 길이는 모두 몇 cm입니까?

(   ) cm

10 용대가 **40**분 동안 숙제를 하고 나서 시계를 보니 **5**시 **20**분이었습니다. 용대가 숙제를 시작한 시각은 **4**시 몇 분입니까?

(   )분

11 ㉠, ㉡, ㉢에 알맞은 수를 찾아 ㉠+㉡+㉢의 값을 구하시오.

> 190분=㉠시간 ㉡분
> 2일 6시간=㉢시간

(   )

12 영철이는 매주 월요일마다 수학 학원에 갑니다. 9월 5일에 수학 학원에 갔다면 같은 해 9월에 수학 학원에 가는 날짜의 합은 얼마입니까?

(   )

[교과서 응용 과정]

13 한솔이는 100원짜리 동전 57개, 10원짜리 동전 42개를 가지고 있습니다. 한솔이가 가지고 있는 동전을 은행에서 1000원짜리 지폐로 바꾸면 몇 장까지 바꿀 수 있습니까?

(   )장

14 가장 큰 수는 어느 것입니까? (   )

① $7000+800+90+5$

② 1000이 7개, 100이 6개, 10이 5개, 1이 9개인 수

③ 칠천오백보다 400 큰 수

④ 1000이 6개, 100이 14개, 10이 28개, 1이 36개인 수

⑤ 8000보다 500 작은 수

15 다음 중 구슬의 개수를 구하는 식으로 옳지 <u>않은</u> 것은 어느 것입니까?

(   )

① $(7 \times 3)+(3 \times 2)$ ② $(7 \times 5)-(4 \times 2)$
③ $(5 \times 3)-(4 \times 3)$ ④ $(5 \times 3)+(3 \times 4)$
⑤ $(5 \times 7)-(2 \times 4)$

16 영수는 모두 38쪽인 책에 다음과 같은 규칙으로 1쪽부터 차례대로 화살표를 그려 넣으려고 합니다. ➡ 모양을 몇 번 그려야 합니까?

↑	➡	↓	←	↑	…
1쪽	2쪽	3쪽	4쪽	5쪽	

(   )번

17 동민이는 **4 m 20 cm**의 끈을 가지고 다음과 같은 상자 한 개를 묶었습니다. 상자를 묶고 남은 끈은 몇 **cm**입니까? (단, 매듭의 길이는 **28 cm**입니다.)

(   ) cm

18 용희네 집에서 교회로 가는 길은 오른쪽과 같이 두 가지 길이 있습니다. ㈎, ㈏ 두 길의 길이의 차는 몇 m입니까? (단, 작은 사각형의 가로와 세로의 길이는 각각 같습니다.)

(   ) m

19 15분마다 출발하는 버스가 있습니다. 오늘 오전 **6**시 **20**분에 첫 번째 버스가 출발했다면 **11**번째 버스가 출발하는 시각은 ㉠시 ㉡분입니다. 이때 ㉠+㉡의 값을 구하시오.

(   )

20 달력에 오른쪽과 같이 가로로 세 수, 세로로 세 수를 묶었더니 네 꼭짓점의 수의 합이 **36**이고, 한가운데 수가 **9** 였습니다. 이와 같이 가로로 세 수, 세로로 세 수를 묶었더니 네 꼭짓점의 수의 합이 **68**이 되었다면, 한가운데 수는 얼마입니까?

일	월	화	수	목	금	토
	①	2	③	4	5	6
7	8	△9	10	11	12	13
14	⑮	16	⑰	18	19	20
21	22	23	24	25	26	27
28	29	30	31			

(   )

교과서 심화 과정

21 네 자리 수 3㉠4㉡이 있습니다. 3+㉠+4+㉡=19일 때, 이 네 자리 수가 될 수 있는 수는 모두 몇 개입니까?

(   )개

---

22 다음 표 안에 있는 수들을 모두 더하기 위해서 곱셈구구를 이용하려고 합니다. □ 안에 알맞은 수는 무엇입니까?

1	3	5	1	3
1	5	3	1	5
3	5	1	3	5
3	1	5	3	1
5	1	3	5	9

➡ 9×□

(   )

23 유승이는 철사로 왼쪽과 같은 삼각형을 만들었습니다. 이 철사를 펴서 오른쪽과 같이 마주 보는 두 변의 길이가 같은 사각형을 만들었습니다. 만든 사각형에서 ㉮의 길이는 몇 cm입니까?

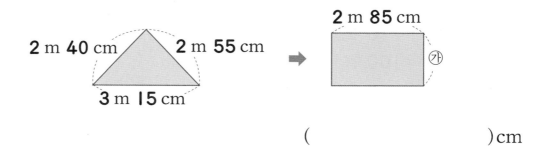

(   )cm

24 어떤 건물의 1층과 3층 사이의 모든 계단을 청소하는 데 30분이 걸린다고 합니다. 이 건물의 지하 2층과 7층 사이의 모든 계단을 청소하려면 몇 분이 걸리겠습니까? (단, 각 층 사이의 계단을 청소하는 데 걸리는 시간은 모두 같습니다.)

(   )분

25 다음은 규칙적으로 계산하여 가운데 □ 안에 수를 써넣은 것입니다. 규칙에 따라 계산할 때 ㉮에 알맞은 수는 얼마입니까?

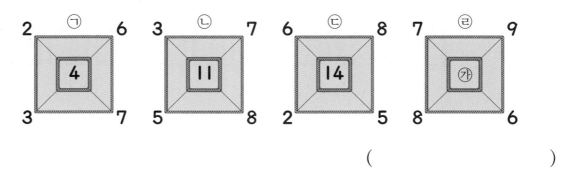

(   )

01 다음 중 나타내는 수가 나머지와 <u>다른</u> 것은 어느 것입니까? (   )

① 999보다 1 큰 수   ② 990보다 10 큰 수

③ 100이 10개인 수   ④ 900보다 1 큰 수

⑤ 10이 100개인 수

02 2000원짜리 볼펜을 1자루 사려고 합니다. 1000원짜리 지폐 1장과 100원 짜리 동전을 7개 가지고 있다면 100원짜리 동전이 몇 개 더 있어야 볼펜을 살 수 있습니까?

(   )개

03 어떤 세 자리 수에서 100씩 8번 뛰어 세기를 하였더니 1689가 되었습니다. 어떤 수는 얼마입니까?

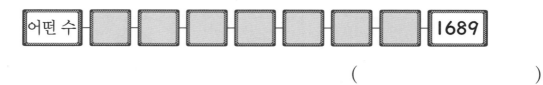

(   )

04 □ 안에 알맞은 수는 무엇입니까?

$$6 \times \square = 24$$

(   )

05 장난감 가게에 곰인형이 8개씩 5줄로 놓여 있습니다. 곰인형은 모두 몇 개입니까?

(   )개

06 달빛마을에서 김씨 성을 가진 사람은 9명이고, 이씨 성을 가진 사람은 김씨 성을 가진 사람의 3배보다 6명이 더 많습니다. 이씨 성을 가진 사람은 몇 명입니까?

(   )명

07 다음에서 ★과 ■가 나타내는 수의 합은 얼마입니까?

$$5\,m = ★\,cm \qquad 300\,cm = ■\,m$$

(   )

08 두 막대의 길이의 합을 ■m ▲cm라고 할 때, ■+▲의 값은 얼마입니까?

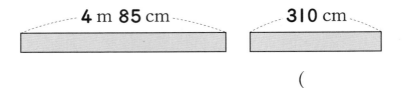

(   )

09 ㉠에서 ㉡까지의 길이는 몇 cm입니까?

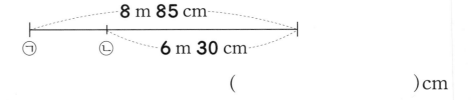

(   )cm

10 □ 안에 알맞은 수는 무엇입니까?

(   )

11 상연이가 운동을 시작한 시각과 끝낸 시각을 나타낸 것입니다. 상연이가 운동을 한 시간은 몇 분입니까?

시작한 시각   끝낸 시각

(   )분

12 □ 안에 알맞은 수를 모두 찾아 합을 구하면 얼마입니까?

1일 5시간=□시간	1주일=□일
3년=□개월	9월의 날 수=□일

(   )

［교과서 응용 과정］

13 숫자 카드 4장을 한 번씩만 사용하여 십의 자리 숫자가 4인 네 자리 수를 만들려고 합니다. 만들 수 있는 두 번째로 큰 수의 백의 자리 숫자는 무엇입니까?

(   )

14 다음 조건을 모두 만족하는 네 자리 수를 ㉠㉡㉢㉣이라고 할 때
㉠＋㉡＋㉢＋㉣의 값은 얼마입니까?

> · 2000보다 크고 3000보다 작은 수입니다.
> · 백의 자리 숫자는 십의 자리 숫자보다 작습니다.
> · 십의 자리 숫자는 일의 자리 숫자보다 5 작습니다.
> · 일의 자리 숫자는 6입니다.

(   )

15 어떤 농구 선수가 어제 시합에서 1점 숫 3번, 2점 숫 7번, 3점 숫 4번을 성공
하였습니다. 이 선수가 어제 농구 시합에서 얻은 점수는 모두 몇 점입니까?

(   )점

16 모양을 규칙에 따라 늘어놓은 것입니다. 29째 번에 놓일 모양은 어느 것입니
까? (   )

① ▷   ② △   ③ ◁   ④ ◁   ⑤ ▽

17 다음과 같이 네 변의 길이가 모두 같은 사각형과 세 변의 길이가 모두 같은 삼각형의 둘레의 차를 ■ m ▲ cm라고 할 때 ■＋▲의 값은 얼마입니까?

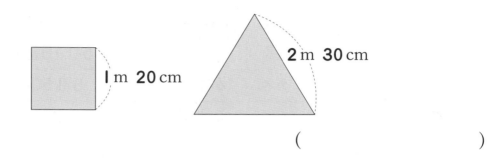

(   )

18 길이가 1 m 20 cm인 테이프 4장을 다음과 같이 겹쳐지는 부분의 길이가 같 도록 이었더니 전체 길이가 4 m 65 cm가 되었습니다. 겹쳐진 부분 한 개의 길이는 몇 cm입니까?

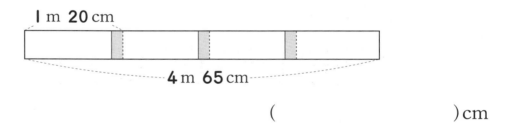

(   ) cm

19 어느 해 11월 달력이고, 유승이의 생일은 1월 16일입니다. 다음 해 유승이의 생일은 무슨 요일입니까? (   )

일	월	화	수	목	금	토
			1	2	3	4
5	6	7				

① 일요일   ② 월요일   ③ 화요일
④ 수요일   ⑤ 목요일

20 유승, 석기, 지혜가 독서를 시작한 시각과 끝낸 시각을 나타낸 것입니다. 독서를 가장 오래한 사람부터 차례로 이름을 쓴 것은 어느 것입니까? ( )

이름	시작한 시각	끝낸 시각
유승	4시 45분	6시 15분 전
석기	4시 10분 전	5시 50분
지혜	5시 30분 전	7시 20분 전

① 유승, 석기, 지혜   ② 유승, 지혜, 석기   ③ 석기, 유승, 지혜

④ 석기, 지혜, 유승   ⑤ 지혜, 석기, 유승

교과서 심화 과정

21 다음과 같이 규칙적으로 뛰어 세기를 할 때, 3811과 5111 사이에 들어가는 수는 모두 몇 개입니까?

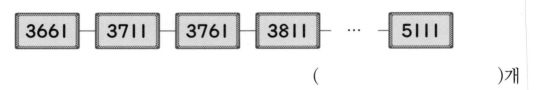

3661 — 3711 — 3761 — 3811 — … — 5111

( )개

22 오른쪽 곱셈표에서 색칠된 칸에는 1에서 9까지의 수 중 어떤 수가 들어갑니다. 색칠된 칸에 알맞은 수를 구하여 곱셈표를 완성할 때, ㉮에 들어갈 수는 얼마입니까?

( )

×				
				72
	12	6	21	
	24			
			㉮	45

23 ㉮, ㉯, ㉰, ㉱ **4**개의 막대가 있습니다. ㉮ 막대는 ㉯ 막대보다 **20** cm 더 길고 ㉰ 막대는 ㉱ 막대보다 **25** cm 더 깁니다. 또한 ㉮ 막대는 ㉰ 막대보다 **15** cm 더 길다면 ㉯ 막대는 ㉱ 막대보다 몇 cm 더 깁니까?

(   ) cm

24 디지털 시계가 ⎡6:25⎤을 나타낼 때 숫자들의 합은 **6＋2＋5＝13**입니다. 디지털 시계가 나타내는 숫자들의 합이 처음으로 **23**이 되는 때는 **6**시 **25**분부터 몇 분 후입니까?

(   )분 후

25 다음과 같이 **2** cm, **9** cm, **3** cm, **5** cm 길이의 막대가 각각 **1**개씩 있습니다. 이 막대를 이용하여 잴 수 있는 길이는 모두 몇 가지입니까?

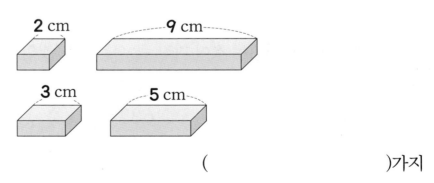

(   )가지

교과서 기본 과정

01 유승이는 돼지 저금통을 뜯어 보니 100원짜리 동전이 80개입니다. 이 동전을 모두 1000원짜리 지폐로 바꾸면 몇 장이 됩니까?

( )장

02 1000원짜리 공책을 사려고 합니다. 100원짜리 동전 7개와 10원짜리 동전 16개가 있다면 얼마가 더 있어야 공책을 살 수 있습니까?

( )원

03 숫자 3이 나타내는 값이 가장 큰 수는 어느 것입니까? ( )

① 5324　　　　② 7239　　　　③ 9023
④ 3051　　　　⑤ 6375

04 다음 중 계산 결과가 가장 큰 것은 어느 것입니까? (   )

① 4×1 ② 2×4 ③ $4 + 3$

④ 8×0 ⑤ 1×0

05 용희네 학교 학생 35명은 여행을 가려고 합니다. 5명씩 탈 수 있는 자동차를 타고 가려면 자동차는 모두 몇 대 필요합니까?

(   )대

06 □ 안에 알맞은 수는 얼마입니까?

$$2 \times 3 \times 4 = 8 \times \square$$

(   )

07 길이를 바르게 나타낸 것은 어느 것입니까? (   )

① $136\,cm = 13\,m\ 6\,cm$ ② $2\,m\ 8\,cm = 280\,cm$

③ $835\,cm = 8\,m\ 35\,cm$ ④ $7\,m\ 50\,cm = 705\,cm$

⑤ $507\,cm = 5\,m\ 70\,cm$

08 지혜와 영수는 탑쌓기놀이를 하였습니다. 지혜가 쌓은 탑의 높이는 1 m 78 cm, 영수가 쌓은 탑의 높이는 2 m 81 cm입니다. 영수는 지혜보다 몇 cm 더 높이 쌓았습니까?

(   )cm

09 ㉠에서 ㉣까지의 길이는 몇 cm입니까?

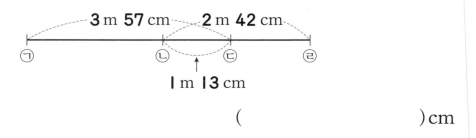

(   )cm

10 효근이는 오후 **3**시부터 오후 **7**시까지 영화를 보았습니다. 효근이가 영화를 보는 동안 시계의 긴바늘은 몇 바퀴를 돌았습니까?

(   )바퀴

11 □ 안에 알맞은 수는 얼마입니까?

4년 5개월 = □개월

(   )

12 오른쪽 시계가 가리키는 시각에서 1시간 20분 후의 시각은
■시 ▲분입니다. 이때 ■와 ▲의 합은 얼마입니까?

(   )

교과서 응용 과정

13 2982보다 크고 3015보다 작은 네 자리 수는 모두 몇 개입니까?

(   )개

14 다음과 같이 뛰어서 셀 때 **4750**과 **6750** 사이에 들어가는 수는 모두 몇 개 입니까?

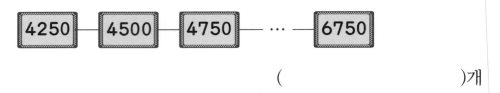

(   )개

15 같은 모양은 같은 수를 나타냅니다. 보기를 보고, 주어진 식을 계산한 결과를 구 하시오.

보기
★＋2＝9
●×8＝8

$(4 \times ★) + (4 \times ●)$

(   )

16 각각의 가격이 같은 배와 사과가 있습니다. 배 **4**개의 값은 사과 **14**개의 값과 같을 때, 배 **14**개의 값은 사과 몇 개의 값과 같습니까?

(   )개

17 키가 가장 큰 사람과 가장 작은 사람의 키의 합을 ■ m ▲ cm라고 할 때
■와 ▲의 합은 얼마입니까?

> 규형 : 내 키에 **45** cm를 더하면 **I** m **80** cm야.
> 한솔 : 내 키는 웅이보다 **3** cm 작아.
> 한별 : 난 규형이보다 **6** cm 더 커.
> 웅이 : 내 키는 **I** m보다 **30** cm 더 커.

(   )

18 한 변의 길이가 **58** cm이고 변의 길이가 모두 같은 도형으로 이루어진 벌집
이 있습니다. 벌이 A에서 출발하여 B로 가려고 합니다. A에서 B로 가는 가
장 짧은 길과 A에서 C를 거쳐 B로 가는 가장 짧은 길의 차는 몇 cm입니까?

(   ) cm

19 동민이는 오후 **2**시 **I5**분에 책을 읽기 시작하였습니다. 동
민이가 책을 다 읽고 거울에 비친 시계를 보니 오른쪽과 같
았습니다. 동민이는 몇 분 동안 책을 읽었습니까?

(   )분

20 어느 해의 **3**월 **3**일은 월요일이었습니다. 그 해의 **5**월 **8**일은 무슨 요일입니까? (   )

① 일요일   ② 월요일   ③ 화요일

④ 수요일   ⑤ 목요일   ⑥ 금요일

⑦ 토요일

교과서 심화 과정

21 네 자리 수 **4■72**와 **■357**에서 ■는 같은 숫자입니다. 다음 조건을 만족하는 ■가 될 수 있는 숫자는 모두 몇 개입니까?

$$4■72 < ■357$$

(   )개

22 보기와 같은 방법으로 수를 채울 때 중심에서 양쪽의 계산 값이 같아져서 한쪽으로 기울지 않는다고 합니다. ㉠, ㉡에 들어갈 수 있는 수 중 ㉠과 ㉡의 곱이 가장 클 경우 얼마입니까? (단, □ 안의 수는 **1**부터 **9**까지의 수입니다.)

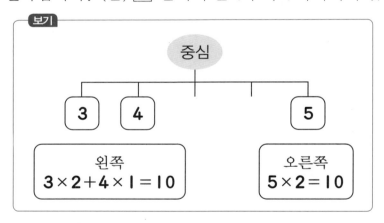

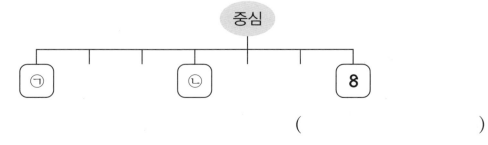

(   )

23 현아는 ㉮와 같이 선물 상자를 묶었다가 다시 풀고 ㉯와 같이 묶었습니다. 리본 매듭에 사용된 끈의 길이가 **30** cm로 똑같을 때 사용하고 남은 끈의 길이는 몇 cm입니까?

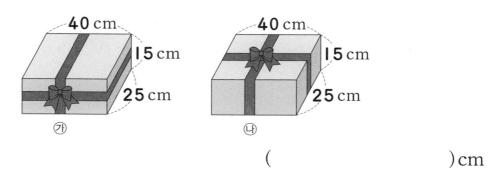

(   ) cm

24 어느 날 오전 석기가 처음 시계를 보았을 때 짧은바늘은 **10**과 **11** 사이에 있고, 긴바늘은 **6**을 가리키고 있었습니다. 같은 날 몇 시간이 지난 뒤 거울에 비친 시계를 보았더니 석기가 처음 시계를 보았을 때와 짧은바늘과 긴 바늘의 위치가 각각 같았습니다. 처음 시계를 본 시각에서 몇 분이 지났습니까?

(   )분

25 어느 해 **8**월의 달력에서 수요일의 날짜들의 합은 **80**입니다. 같은 해 **10**월의 수요일의 날짜들의 합은 얼마입니까?

(   )

KMA
Korean Mathematics Ability Evaluation
한국수학학력평가

한반기 대비

정답과 풀이

초 **2**학년

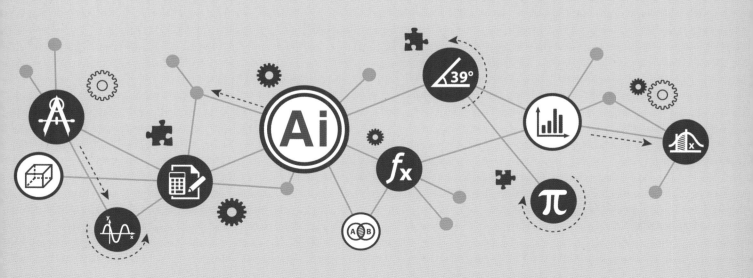

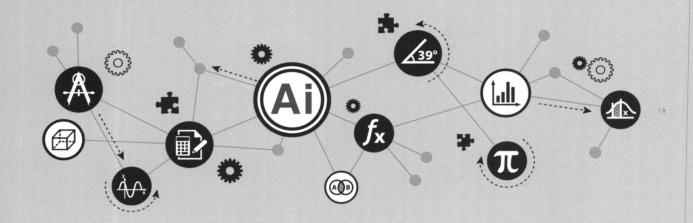

KMA

Korean Mathematics Ability Evaluation

한국수학학력평가

하반기 대비

정답과 풀이

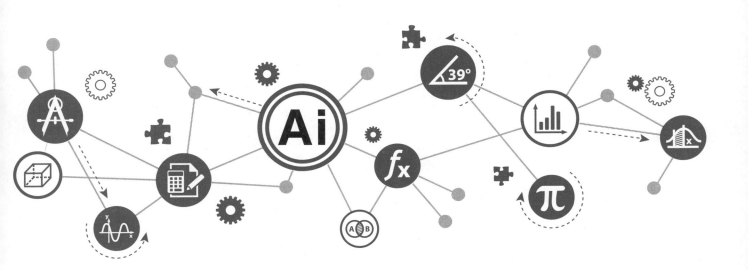

KMA 단원 평가

① 네 자리 수　　　　　　　　　　　　8~15쪽

01 ③	02 20	03 ⑤
04 ②	05 500	06 ①
07 ④	08 5	09 ④
10 3	11 30	12 2
13 6234	14 6	15 24
16 598	17 30	18 7
19 18	20 60	21 5
22 4	23 10	24 37
25 46		

01 ① 999보다 1 큰 수는 1000입니다.
② 900보다 100 큰 수는 1000입니다.
③ 100보다 10 큰 수는 110입니다.
④ 990보다 10 큰 수는 1000입니다.
⑤ 100이 10개인 수는 1000입니다.

02 2675=2000+600+70+5
따라서 2675는 1000이 2개, 100이 6개,
10이 7개, 1이 5개인 수입니다.
➡ 2+6+7+5=20

03 ① 일의 자리 숫자로 5를 나타냅니다.
② 십의 자리 숫자로 50을 나타냅니다.
③ 십의 자리 숫자로 50을 나타냅니다.
④ 백의 자리 숫자로 500을 나타냅니다.
⑤ 천의 자리 숫자로 5000을 나타냅니다.

04 천의 자리와 백의 자리 숫자가 같으므로 십의
자리 숫자를 비교합니다.

05 백의 자리 숫자가 5씩 커졌으므로 500씩 뛰
어서 센 것입니다.

06 ② 9996>9093　　③ 6234<6235
④ 6831<7831　　⑤ 4294>4289

07 네 자리 수의 크기를 비교할 때에는 천의 자리,
백의 자리, 십의 자리, 일의 자리 숫자를 차례로
비교합니다.
➡ 5830>5803>5380>5038

08 천의 자리 숫자가 같고, 십의 자리 숫자가
4<5이므로 백의 자리 숫자는 5>□이어야
합니다.
➡ 0, 1, 2, 3, 4(5개)

09 ㉠ 5000 ㉡ 9000 ㉢ 6250
따라서 5000<6250<9000입니다.

10 0은 천의 자리에 올 수 없으므로 만들 수 있는
네 자리 수는 3003, 3030, 3300으로 모두
3개입니다.

11 만들 수 있는 가장 큰 수 : 9630
따라서 숫자 3이 나타내는 값은 30입니다.

12 4000보다 크고 5000보다 작은 네 자리 수
의 천의 자리 숫자는 4입니다.
또 백의 자리 숫자는 2, 십의 자리 숫자는 4이
며 일의 자리는 7보다 큰 수이므로 구하는 수
는 4248, 4249입니다.

13 500씩 뛰어서 센 것이므로 10번 뛰어서 센
수는 5000 큰 수입니다.
따라서 1234보다 5000 큰 수는 6234입니다.

14 7000보다 작은 네 자리 수는 천의 자리 숫자
가 3인 네 자리 수입니다.
3078, 3087, 3708, 3780, 3807,
3870

15 3990~3999 : 10개, 4000~4009 : 10개,
4110~4113 : 4개
따라서 모두 10+10+4=24(개)입니다.

16 1398부터 거꾸로 100씩 8번 뛰어 세기를 합
니다.
1398-1298-1198-1098-998
-898-798-698-598

17 6527<6652, 6527<7652,
6527<8652, 6527<9652
이므로 □ 안에 들어갈 수 있는 숫자는
6, 7, 8, 9입니다.
➡ 6+7+8+9=30

18 천의 자리 숫자가 5, 백의 자리 숫자가 □, 십
의 자리 숫자가 7, 일의 자리 숫자가 9인 네

자리 수는 5□79입니다.
5□79>5364에서 □ 안에 들어갈 수 있는
숫자는 3, 4, 5, 6, 7, 8, 9로 모두 7개입니다.

19 천의 자리 숫자가 2일 때 : 2046, 2064,
2406, 2460, 2604, 2640 ➡ 6개
천의 자리 숫자가 4, 6일 때도 각각 6개씩 만
들 수 있으므로 모두 6+6+6=18(개)입니다.

20 십의 자리 숫자가 2씩 커지므로 20씩 뛰어서
센 것입니다.
㉠에서 20씩 3번을 뛰어 세기 한 수가 ㉡이므
로 ㉡은 ㉠보다 20+20+20=60 큰 수입니
다.

21 8756<87□9에서 □ 안에 들어갈 수 있는
숫자는 5, 6, 7, 8, 9입니다.
3648>3□52에서 □ 안에 들어갈 수 있는
숫자는 0, 1, 2, 3, 4, 5입니다.
따라서 □ 안에 공통으로 들어갈 수 있는 숫자
는 5입니다.

22 150씩 뛰어서 센 것입니다.
1400과 2900 사이에 들어가는 수는
1550, 1700, 1850, 2000, 2150,
2300, 2450, 2600, 2750입니다.
그중 각 자리의 숫자가 모두 다른 것은
1850, 2150, 2450, 2750
이므로 모두 4개입니다.

23 네 자리 수의 각 자리의 숫자를 큰 숫자부터
㉠, ㉡, ㉢, ㉣이라고 할 때
㉠-㉣=7, ㉠-㉡=3입니다.
(1) ㉠=9일 때 ㉡=6, ㉣=2이므로
9+6+2=17에서 조건에 맞지 않습니다.
(2) ㉠=8일 때 ㉡=5, ㉣=1이므로
㉢=16-(8+5+1)=2이고
가장 작은 네 자리 수는 1258입니다.
따라서 백의 자리 숫자와 일의 자리 숫자의 합
은 2+8=10입니다.

24 7★57>765♣이므로 ★은 6보다 크거나 같
은 수입니다.
따라서 ★은 6, 7, 8, 9가 될 수 있고, ♣은

0~9까지의 숫자가 될 수 있습니다.
★=6일 때 (★, ♣)은 (6, 6), (6, 5), (6, 4),
(6, 3), (6, 2), (6, 1), (6, 0)의 7개입니다.
★=7일 때 (★, ♣)은 (7, 0), (7, 1), (7, 2),
(7, 3), (7, 4), (7, 5), (7, 6), (7, 7), (7, 8),
(7, 9)의 10개입니다.
★이 8, 9일 때도 각각 10개씩 있으므로 모두
7+10+10+10=37(개)입니다.

25 5510 (1개) 5610 (1개) 5710 (1개)
5520 ⎤   5620 ⎤   5720 ⎤
5521 ⎦(2개) 5621 ⎦(2개)   5721 ⎦(2개)
5530 ⎤
5531 ⎬(3개)   ⋮   ⋮
5532 ⎦
5540 ⎤   5650 ⎤   5760 ⎤
 ⋮ ⎬(4개)   ⋮ ⎬(5개)   ⋮ ⎬(6개)
5543 ⎦   5654 ⎦   5765 ⎦
➡ (1+2+3+4)+(1+2+3+4+5)
    +(1+2+3+4+5+6)
=10+15+21=46(개)

②) 곱셈구구 16~23쪽

01 ③	02 81	03 28
04 ④	05 ④	06 45
07 84	08 4	09 24
10 6	11 7	12 54
13 58	14 17	15 49
16 8	17 46	18 72
19 63	20 7	21 22
22 6	23 29	24 65
25 18		

01 ① 0 ② 8 ③ 42 ④ 40 ⑤ 36
02 ① 7×4=28 ② 8×4=32
③ 3×7=21
➡ ①+②+③=28+32+21=81

03 하루에 **4**시간씩 **7**일 동안 공부한 시간은
$4 \times 7 = 28$(시간)입니다.

04 ㉠$=4 \times 7 = 28$이고 ①$=4 \times 4 = 16$,
②$=5 \times 3 = 15$, ③$=6 \times 5 = 30$,
④$=7 \times 4 = 28$, ⑤$=7 \times 8 = 56$이므로
㉠과 같은 수는 ④입니다.

05 **0**과 어떤 수의 곱은 항상 **0**입니다.
④ $1 + 0 = 1$

06 $6 \times 8 - 3 = 48 - 3 = 45$

07 일주일은 **7**일입니다.
처음 일주일 : $5 \times 7 = 35$(문제)
다음 일주일 : $7 \times 7 = 49$(문제)
따라서 한초가 **2**주일 동안에 푼 수학 문제는
모두 $35 + 49 = 84$(문제)입니다.

08 $8 \times 9 = 72$, $4 \times 2 = 8$이므로 ㉠에 알맞은 수
는 **4**입니다.

09 바둑판 위에 있는 바둑돌은 $7 \times 8 = 56$(개)입
니다.
따라서 흰색 바둑돌은 **32**개이므로 검은색 바
둑돌은 $56 - 32 = 24$(개)입니다.

10 염소 **9**마리의 다리는 $4 \times 9 = 36$(개)이므로
닭의 다리는 $48 - 36 = 12$(개)입니다.
따라서 $2 \times 6 = 12$이므로 닭은 **6**마리입니다.

11 **6**의 단 곱셈구구에서 곱이 **42**가 되는 경우는
$6 \times 7 = 42$입니다.
따라서 색테이프의 한 장의 길이는 **7** cm입니다.

12 $3 \times ㉠ = 18$에서 ㉠$=6$이고,
㉡$\times 4 = 36$에서 ㉡$=9$이므로
㉠$\times$㉡$=6 \times 9 = 54$입니다.

13 돼지의 다리 : $4 \times 5 = 20$(개)
닭의 다리 : $2 \times 7 = 14$(개)
염소의 다리 : $4 \times 6 = 24$(개)
따라서 동물들의 다리는 모두
$20 + 14 + 24 = 58$(개)입니다.

14 **3**점짜리 **2**개 ➡ $3 \times 2 = 6$(점)
2점짜리 **3**개 ➡ $2 \times 3 = 6$(점)
1점짜리 **5**개 ➡ $1 \times 5 = 5$(점)

0점짜리 **3**개 ➡ $0 \times 3 = 0$(점)
따라서 규형이가 얻은 점수는 모두
$6 + 6 + 5 + 0 = 17$(점)입니다.

15 첫 번째에 놓인 바둑돌 수 : $1 \times 1 = 1$(개)
두 번째에 놓인 바둑돌 수 : $2 \times 2 = 4$(개)
세 번째에 놓인 바둑돌 수 : $3 \times 3 = 9$(개)
⋮
7번째에 놓인 바둑돌 수 : $7 \times 7 = 49$(개)

16 ㉡$+39 = 63$이므로 ㉡$=63 - 39 = 24$
㉠$\times 3 = 24$이므로 ㉠$=8$

17 현재 어머니의 연세는
$8 \times 6 - 5 = 48 - 5 = 43$(살)이므로
3년 후의 연세는 $43 + 3 = 46$(살)입니다.

18 $7 \times ㉠ = 63$에서 ㉠$=9$
$7 \times ㉡ = 56$에서 ㉡$=8$
따라서 ㉠$\times$㉡$=9 \times 8 = 72$입니다.

19 $2 \times 4 = 8$, $3 \times 5 = 15$, $4 \times 6 = 24$,
$5 \times 7 = 35$이므로
규칙을 찾아보면 한솔이가 답한 수는
(유승이가 말한 수)
$\times$(유승이가 말한 수보다 **2** 큰 수)
입니다. 따라서 유승이가 **7**이라고 말하면 한솔
이는 $7 \times 9 = 63$이라고 답할 것입니다.

20 어떤 수를 □라고 하면
□$\times 5 + 7 = 7 \times 6$
□$\times 5 + 7 = 42$
□$\times 5 = 35$에서 □$=7$

21 어떤 수를 □라 하면 □$\times 4 > 15$에서
□는 **4**, **5**, **6**, **7**, **8**, **9**, …이고
$7 \times$□< 50에서 □는 **0**, **1**, **2**, **3**, **4**, **5**, **6**,
7이므로 두 조건을 모두 만족하는 □는 **4**, **5**,
6, **7**입니다.
➡ $4 + 5 + 6 + 7 = 22$

22 주어진 ★의 규칙은 ★의 앞, 뒤 수의 곱의 일
의 자리 숫자를 나타낸 것입니다.
$2 \times 8 = 1⑥$, $3 \times 4 = 1②$, $4 \times 5 = 2⓪$, …
따라서 $9 \times 4 = 36$의 일의 자리 숫자는 **6**이므
로 $9★4 = 6$입니다.

23 ●×8=48에서 ●=6이므로
6×▲=★입니다.
6×▲=★, ■×9=★에서 6×▲=■×9
이고 ★은 20보다 작은 수이므로
6×3=18, 2×9=18에서
▲=3, ■=2, ★=18입니다.
➡ ●+▲+■+★=6+3+2+18
　　　　　　　=29

24 도형의 맞은편 꼭짓점에 있는 수를 곱하여 모두 더해 주면 가운데 수가 되는 규칙입니다.
따라서 구하고자 하는 수는
2×7+4×9+5×3=14+36+15=65
입니다.

25

×	1	2	3	4	5	6
1	1	2	3	4	5	6
2	2	4	6	8	10	12
3	3	6	9	12	15	18
4	4	8	12	16	20	24
5	5	10	15	20	25	30
6	6	12	18	24	30	36

➡ 18개

③ 길이 재기 　　　　　24~31쪽

01 ⑤	02 41	03 ④
04 167	05 ③	06 ②
07 215	08 87	09 ①
10 135	11 ①	12 486
13 99	14 548	15 518
16 151	17 720	18 108
19 26	20 13	21 177
22 52	23 198	24 6
25 13		

01 ① 127 cm=1 m 27 cm
② 305 cm=3 m 5 cm
③ 340 cm=3 m 40 cm
④ 5 m 2 cm=502 cm

02 10 cm씩인 작은 칸이 모두 14칸이므로 색 테이프의 길이는 140 cm입니다.

140 cm=1 m 40 cm
■+▲=1+40=41

03 ㉠ 609 cm　　㉡ 69 cm　　㉢ 600 cm
㉣ 690 cm
➡ ㉡<㉢<㉠<㉣

04 1 m 32 cm=132 cm이므로 어머니의 키는 132+35=167(cm)입니다.

05 5 m 73 cm-223 cm=350 cm,
124 cm+2 m 45 cm=369 cm

06 연필의 길이는 약 15 cm이고 운동장의 긴 쪽의 길이는 약 80 m입니다.

07 가장 긴 것은 4 m 30 cm이고 가장 짧은 것은 2 m 15 cm이므로 길이의 차는
4 m 30 cm-2 m 15 cm
=430 cm-215 cm
=215 cm입니다.

08 1 m 28 cm+1 m 28 cm+1 m 28 cm
=2 m 56 cm+1 m 28 cm
=3 m 84 cm
■+▲=3+84=87

09 길이가 가장 긴 것으로 잴 때 잰 횟수가 가장 적습니다.

10 책꽂이 한 칸의 높이가 45 cm이고, 웅이의 키는 책꽂이 한 칸의 높이의 3배쯤 됩니다.
따라서 45+45+45=135이므로 웅이의 키는 약 135 cm입니다.

11 한솔 : 1 m 40 cm-1 m 34 cm=6 cm
한초 : 1 m 89 cm-1 m 80 cm=9 cm
어림한 길이와 자로 잰 길이의 차는 한솔이가 작으므로 한솔이가 이겼습니다.

12 ㉮에서 ㉯까지의 길이는
3 m 68 cm-1 m 57 cm=2 m 11 cm
이므로 ㉮에서 ㉰까지의 길이는
2 m 11 cm+2 m 75 cm
=4 m 86 cm=486 cm입니다.

13 1 m 32 cm+1 m 32 cm+1 m 32 cm
=2 m 64 cm+1 m 32 cm

KMA 정답과 풀이

$=3\,m\,96\,cm$

■$+$▲$=3+96=99$

14 $3\,m\,15\,cm+2\,m\,76\,cm-43\,cm$
$=5\,m\,91\,cm-43\,cm$
$=5\,m\,48\,cm$
$=548\,cm$

15 $16\,m\,28\,cm+7\,m\,19\,cm-18\,m\,29\,cm$
$=23\,m\,47\,cm-18\,m\,29\,cm$
$=5\,m\,18\,cm \Rightarrow 518\,cm$

16 예슬이가 던진 거리는
$19\,m\,45\,cm-4\,m\,32\,cm=15\,m\,13\,cm$
이고, 석기가 던진 거리는
$15\,m\,13\,cm+5\,m\,26\,cm$
$=20\,m\,39\,cm$입니다.
따라서 세 사람이 던진 거리의 합은
$19\,m\,45\,cm+15\,m\,13\,cm+20\,m\,39\,cm$
$=34\,m\,58\,cm+20\,m\,39\,cm$
$=54\,m\,97\,cm$입니다.
■$+$▲$=54+97=151$

17 교실의 가로 길이는 칠판의 가로 길이보다 양
팔 길이의 $8-2=6$(배)만큼 더 깁니다.
$1\,m\,20\,cm+1\,m\,20\,cm+1\,m\,20\,cm$
$+1\,m\,20\,cm+1\,m\,20\,cm+1\,m\,20\,cm$
$=7\,m\,20\,cm \Rightarrow 720\,cm$

18 남은 철사의 길이는 $9\,cm\times8=72\,cm$입니다.
따라서 사용한 철사의 길이는
$1\,m\,80\,cm-72\,cm$
$=1\,m\,8\,cm=108\,cm$입니다.

19 필요한 끈의 길이는
$50+50+30+30+10+10+10+10+24$
$=224$(cm) $\Rightarrow 2\,m\,24\,cm$입니다.
■$+$▲$=2+24=26$

20 호민이와 수호의 키 차이는
$138-122=16$(cm)입니다.
영지와 호민이의 키 차이는 $16\,cm$의 절반인
$8\,cm$이므로 영지의 키는
$122+8=130$(cm)입니다.
키가 두 번째로 크면서 영지의 키와 $5\,cm$

차이가 나기 위한 민희의 키는
$130+5=135$(cm)입니다.
따라서 호민이와 민희의 키 차이는
$135-122=13$(cm)입니다.

21 (나 막대의 길이)
$=1\,m\,83\,cm-40\,cm$
$=1\,m\,43\,cm$
(가 막대의 길이)
$=1\,m\,43\,cm+34\,cm$
$=1\,m\,77\,cm$
$=177\,cm$

22 가장 긴 도막과 가장 짧은 도막의 차이는
$12\,cm$이고 가장 긴 도막과 두 번째로 긴 도막
의 차이는 $4\,cm$이므로 두 번째로 긴 도막과
가장 짧은 도막의 차이는 $12-4=8$(cm)입
니다.
가장 짧은 도막을 □cm라 할 때
두 번째로 긴 도막은 □$+8$(cm),
가장 긴 도막은 □$+12$(cm).
□$+$□$+8+$□$+12$
$=$□$+$□$+$□$+20=140$(cm),
□$+$□$+$□$=140-20=120$(cm),
□$=40$(cm)입니다.
따라서 가장 긴 도막이 길이는
$40+12=52$(cm)입니다.

23 $78\,m\,10\,cm+25\,m\,30\,cm+25\,m\,30\,cm$
$=128\,m\,70\,cm$
이므로 ㉠$+$㉡$=128+70=198$입니다.

24 첫째 날 올라간 곳 : $35\,cm$
둘째 날 올라간 곳 :
$35-10+35=60$(cm)
셋째 날 올라간 곳 :
$60-10+35=85$(cm)
넷째 날 올라간 곳 :
$85-10+35=110$(cm)
다섯째 날 올라간 곳 :
$110-10+35=135$(cm)
여섯째 날 올라간 곳 :
$135-10+35=160$(cm)

따라서 달팽이가 **1 m 50 cm** 지점까지 올라가는 데에는 **6일**이 걸립니다.

25 ① $45-25-15=5$(cm)
② $25-15=10$(cm)
③ 15 cm
④ $45-25=20$(cm)
⑤ 25 cm
⑥ $45-15=30$(cm)
⑦ $45+15-25=35$(cm)
⑧ $15+25=40$(cm)
⑨ 45 cm
⑩ $25+45-15=55$(cm)
⑪ $45+15=60$(cm)
⑫ $45+25=70$(cm)
⑬ $15+25+45=85$(cm)
따라서 모두 **13가지**의 길이를 잴 수 있습니다.

---

4 시각과 시간　　　　　32~39쪽

01	31	02	16	03	③
04	3	05	24	06	30
07	9	08	19	09	66
10	11	11	50	12	⑤
13	42	14	49	15	⑤
16	42	17	②	18	12
19	24	20	②	21	33
22	9	23	66	24	11
25	8				

01 긴바늘이 가리키는 작은 눈금 한 칸은 **1분**이고, 각 숫자마다 **5분**씩 늘어납니다.
➡ $1+30=31$

02 짧은바늘이 숫자 **6과 7** 사이에 있고, 긴바늘이 숫자 **2**를 가리키고 있으므로 **6시 10분**입니다.
■+▲=$6+10=16$

03 ③ **4시 30분**은 **5시 30분** 전입니다.

04 2시 20분 $\xrightarrow{\text{1시간 후}}$ 3시 20분
$\xrightarrow{\text{1시간 후}}$ 4시 20분 $\xrightarrow{\text{1시간 후}}$ 5시 20분

05 5시 $\xrightarrow{\text{40분 전}}$ 4시 20분
➡ ■+▲=$4+20=24$

06 오늘 오전 8시 $\xrightarrow{\text{24시간 후}}$ 내일 오전 8시
$\xrightarrow{\text{6시간 후}}$ 내일 오후 2시
따라서 $24+6=30$(시간)입니다.

07 긴바늘이 숫자 **9**를 가리키면 **45분**을 나타냅니다.

08 7일마다 같은 요일이 반복되므로 세 번째 토요일은 $5+7+7=19$(일)입니다.

09 5월 6일이 일요일이므로 5월의 일요일인 날짜는 6일, 13일, 20일, 27일입니다.
➡ $6+13+20+27=66$

10 시계의 긴바늘이 한 바퀴 돌면 **1시간**이 지나고, 반 바퀴를 돌면 **30분**이 지나므로 **2바퀴 반**은 **2시간 30분**이 지난 것과 같습니다.
따라서 **8시 30분**에서 **2시간 30분** 후는 **11시**입니다.

11 오전 10시 20분 $\xrightarrow{\text{1시간 후}}$ 오전 11시 20분
$\xrightarrow{\text{49분 후}}$ 오후 12시 9분
➡ ■시간 ▲분=1시간 49분
■+▲=$1+49=50$

12 ㉠ 3시간=**180분**, ㉡ **170분**, ㉢ **200분**, ㉣ 2시간 40분=**160분**입니다.
따라서 시간이 짧은 것부터 차례로 기호를 쓰면 ㉣, ㉡, ㉠, ㉢입니다.

13 짧은바늘이 **5와 6** 사이에 있으므로 **5시**이고, 긴바늘이 **7**에서 작은 눈금 **2칸** 간 곳을 가리켰으므로 $35+2=37$(분)입니다.
➡ ★+♣=$5+37=42$

14 축구 경기의 전반과 후반이 각각 **45분**씩이므로 경기 시간은 **90분**, 휴식 시간 **10분**까지 합하면 **100분**입니다.

100분은 1시간 40분과 같으므로 경기가 끝난 시각은 8시에서 1시간 40분이 지난 오후 9시 40분입니다.

➡ ■+▲=9+40=49

15 7월은 31일까지 있고, 7월 17일이 목요일이므로 17+7+7=31(일)도 목요일입니다.
따라서 8월 1일은 금요일이므로
1+7+7=15(일)도 금요일입니다.

16 5시 10분 전은 4시 50분입니다.

4시 50분 $\xrightarrow{\text{2시간 전}}$ 2시 50분

$\xrightarrow{\text{10분 전}}$ 2시 40분

●+■=2+40=42

17 9월 9일이 토요일이므로 9월 16일, 9월 23일, 9월 30일은 토요일이고 10월 1일, 10월 8일은 일요일입니다.
따라서 10월 9일은 월요일입니다.

18 10월 15일부터 31일까지는
31−15=16(일) 남았고 11월 1일부터 12월 2일까지는 30+2=32(일)이므로
16+32=48(일) 남은 것입니다.
48=7×6+6이므로 6주일 6일 남았으므로
■+▲=6+6=12입니다.

19 11월은 30일까지 있습니다.
(수요일 날짜)×7
=(일요일부터 토요일까지 날짜의 합)이므로
7×7=49에서 수요일은 7일입니다.
7일, 14일, 21일, 28일이 수요일이고
11월 30일은 금요일이므로 마지막 토요일은
24일입니다.

20 유승 ➡ 1시간 15분, 한솔 ➡ 1시간 50분,
지혜 ➡ 1시간 15분, 예슬 ➡ 1시간 5분,
하늘 ➡ 1시간 30분
따라서 독서를 가장 오랫동안 한 사람은 한솔이입니다.

21 오늘 오전 10시부터 내일 오후 6시까지는 32시간입니다.
따라서 시계는 32시간 동안 32분 느려지므로

시계가 가리키는 시각은 오후 5시 28분입니다.
■+●=5+28=33

22 6시 30분, 7시 10분, 7시 50분, 8시 30분, 9시 10분, 9시 50분, 10시 30분, 11시 10분, 11시 50분 ➡ 9대

23 10도막으로 자르기 위해 자른 횟수는 9번이고 쉰 횟수는 8번이므로 걸린 시간은
(8×9)+(3×8)=96(분)입니다.
9시 20분+96분
=9시 20분+1시간 36분
=10시 56분
★+♣=10+56=66

24 1㉠월 3㉡일이 될 수 있는 날은 10월 30일, 10월 31일, 11월 30일, 12월 30일, 12월 31일입니다.
9월 1일이 금요일이므로 10월 30일은 월요일, 10월 31일은 화요일, 11월 30일은 목요일, 12월 30일은 토요일, 12월 31일은 일요일입니다.
따라서 현지의 생일은 12월 31일이므로
2×5+1=11입니다.

25 0시~12시 사이에 실제 시각과 거울에 비친 시각의 차이가 3시간(또는 9시간)일 때는
1시 30분, 4시 30분, 7시 30분, 10시 30분으로 4번이며 하루 24시간 중에는 8번입니다.

KMA 실전 모의고사

1회　　　　　　　　　　40~47쪽

01 ②	02 ⑤	03 ④
04 3	05 7	06 47
07 260	08 ①	09 34
10 40	11 15	12 62
13 100	14 30	15 25
16 16	17 ②	18 41
19 40	20 75	21 28
22 127	23 245	24 154
25 36		

01 ② 90보다 100 큰 수는 190입니다.

02 1000이 3개이면 3000, 100이 15개이면 1500, 10이 22개이면 220이므로 3000+1500+220=4720(원)입니다.

03 8911>8910>8902>8890>8853 따라서 가장 큰 수는 8911입니다.

04 $3×8=24$
$7×4=28$　　$6×4=24$　　$9×3=27$
$4×6=24$　　$8×3=24$　　$5×4=20$

05 ㉮는 $6×3=18$이고,
㉯$=㉮+24=18+24=42$입니다.
$6×\square=42$이므로 $\square=7$입니다.

06 필요한 사탕은 $4×3=12$(개)이고 필요한 초콜릿은 $5×7=35$(개)이므로 필요한 사탕과 초콜릿은 모두 $12+35=47$(개)입니다.

07 20 cm씩인 작은 칸이 모두 13칸이므로 색 테이프의 길이는 260 cm입니다.

08 ① 3 m 3 cm=303 cm　　② 330 cm
③ 3 m=300 cm　　④ 33 cm
⑤ 3 cm
⑥ 3 m 33 cm=333 cm
따라서 가장 긴 것부터 차례대로 쓰면 ⑥, ②, ①, ③, ④, ⑤입니다.

09 136 cm=1 m 36 cm이므로 1 m 70 cm−1 m 36 cm=34 cm입니다.

10 긴바늘이 숫자 8을 가리키면 40분을 나타냅니다.

11 1시에서 시계의 긴바늘이 두 바퀴 돌면 3시가 됩니다.
3시는 시계의 긴바늘이 숫자 12를, 짧은바늘이 숫자 3을 가리키므로 12+3=15입니다.

12 첫 번째 금요일 : 12−7=5(일)
두 번째 금요일 : 12일
세 번째 금요일 : 12+7=19(일)
네 번째 금요일 : 12+7+7=26(일)
따라서 합은 5+12+19+26=62입니다.

13 ㉠이 나타내는 값은 600이고, ㉡이 나타내는 값은 6이므로 100배입니다.

14 □ 안에 들어갈 수 있는 숫자는 6, 7, 8, 9입니다. ➡ 6+7+8+9=30

15 웅이와 지혜가 하루에 마시는 우유는 2+3=5(컵)입니다.
화요일부터 토요일까지(화, 수, 목, 금, 토) 5일 동안 두 사람이 마신 우유는 모두 5×5=25(컵)입니다.

16 $4×7−5=28−5=23$
(또는 $7×4−5=23$)
따라서 □ 안에 알맞은 수의 합은 4+7+5=16(또는 7+4+5=16)입니다.

17 영수 : 6 m−586 cm=600 cm−586 cm =14 cm
한초 : 6 m−591 cm=600 cm−591 cm =9 cm
신영 : 612 cm−6 m=612 cm−600 cm =12 cm
규형 : 610 cm−6 m=610 cm−600 cm =10 cm
따라서 한초가 6 m에 가장 가깝게 잘랐습니다.

18 48 m 65 cm−43 m 29 cm =5 m 36 cm이므로
㉯에서 ㉰까지의 거리가 5 m 36 cm 더 멉니다.
■+▲=5+36=41

19 (정전이 된 시간)
 =(그저께 정전 시간)+(어제 정전 시간)
   +(오늘 정전 시간)
 =(12−5)+24+9
 =7+24+9
 =40(시간)
따라서 정전이 되었던 시간은 모두 40시간입니다.

20

(거울에 비친 시계)   (원래 시계)

거울에 비친 시계의 모습을 바탕으로 현재의 시각을 생각해 보면 짧은바늘이 숫자 3과 4 사이에 있으므로 3시를 지나 4시를 향해가는 중입니다. 긴바늘이 숫자 9를 가리키므로 45분임을 알 수 있습니다.
따라서 현재 시각은 3시 45분입니다.

2시 30분 $\xrightarrow{1시간 후}$ 3시 30분

$\xrightarrow{15분 후}$ 3시 45분

따라서 책을 읽은 시간은 1시간 15분=75분입니다.

21 □ 안에 들어갈 수 있는 수는 4855부터 5129까지입니다.
이 중에서 십의 자리와 일의 자리의 숫자가 같은 수는
4855~4899 ➡ 5개
4900~4999 ➡ 10개
5000~5099 ➡ 10개
5100~5129 ➡ 3개
따라서 모두 5+10+10+3=28(개)입니다.

22 규칙을 알아봅니다.

3256 ➡ 611 (5+6=11, 3×2=6)

2485 ➡ 813 (8+5=13, 2×4=8)

5632 ➡ 305 (3+2=5, 5×6=30)

4713 ➡ 284 (1+3=4, 4×7=28)

6234 ➡ 127 (3+4=7, 6×2=12)

23 서윤 : 1 m 30 cm+1 m 30 cm
       =2 m 60 cm
윤지 : 2 m 60 cm−40 cm
       =2 m 20 cm
동민 : 2 m 60 cm+10 cm
       =2 m 70 cm
2 m 20 cm와 2 m 70 cm의 중간 길이는
2 m 45 cm이므로 칠판의 길이는
2 m 45 cm=245 cm입니다.

24 6시 25분 후의 시각 중 각각의 숫자의 합이 22가 되는 경우를 알아봅니다.
6시 59분 ➡ 6+5+9=20(×)
7시 59분 ➡ 7+5+9=21(×)
8시 59분 ➡ 8+5+9=22(○)
따라서 둘째 번 열차가 출발한 시각은
8시 59분이므로
8시 59분−6시 25분=2시간 34분 후이고
60+60+34=154(분) 후입니다.

25 보이지 않는 10월 달력을 생각해 보면

10월

일	월	화	수	목	금	토
			1	2	3	4	5
6	7	8	9	10	11	12
13	14	15	16	17	...	

10월 첫 번째 월요일은 10월 7일입니다.
10월 7일이 태어나 100일이 되는 날이므로
10월, 9월, 8월로 거꾸로 생각해 보면
10월 … 7일, 9월 … 30일, 8월 … 31일,
7월 … 31일입니다.
7월 1일부터 10월 7일까지는 모두
7+30+31+31=99일이므로
태어난 날은 7월 1일 하루 전인 6월 30일입니다.
따라서 ㉠=6, ㉡=30이므로 ㉠+㉡=36입니다.

②회 48~55쪽

01 ⑤	02 17	03 9
04 8	05 42	06 30
07 ③	08 343	09 7
10 25	11 17	12 5
13 ④	14 ②	15 8
16 8	17 46	18 ④
19 ⑥	20 305	21 2
22 61	23 16	24 15
25 18		

01 ① 100 ② 991 ③ 100
④ 1009 ⑤ 1000

02 천의 자리 숫자는 같고, 십의 자리 숫자는
6>5이므로 7<□이어야 합니다.
따라서 □ 안에 들어갈 수 있는 숫자는 8, 9입니다. ➡ 8+9=17

03 가장 큰 수는 큰 숫자부터 쓰면 됩니다.
따라서 가장 큰 수는 9754, 둘째로 큰 수는
9750, 셋째로 큰 수는 9745입니다.
➡ 9754−9745=9

04 곱하는 두 수를 서로 바꾸어 곱해도 곱은 같습니다.

05 4+2=6(명)이므로 딱지는 모두
6×7=42(개)입니다.

06 ㉠=7×3에서 ㉠=21입니다.
6×㉡=54에서 6×9=54이므로
㉡은 9입니다.
➡ ㉠+㉡=21+9=30

07 ① 204 cm=2 m 4 cm
② 136 cm=1 m 36 cm
④ 380 cm=3 m 80 cm
⑤ 920 cm=9 m 20 cm

08 80 cm+1 m 13 cm+1 m 50 cm
=3 m 43 cm=343(cm)

09 132 cm−1 m 25 cm
=132 cm−125 cm
=7(cm)

10 짧은바늘이 숫자 7과 8 사이에 있고 긴바늘이
숫자 5를 가리키므로 7시 25분입니다.

11 첫 번째 토요일은 3일이고, 같은 요일은 7일마
다 반복되므로 세 번째 토요일은
3+7+7=17(일)입니다.

12 3시간씩 뛰어 읽습니다.
11시 ➡ 2시 ➡ 5시 ➡ 8시 ➡ 11시 ➡ 2시
➡ 5시

13 작은 눈금 한 칸의 크기는 200이므로 ㉠이 나
타내는 값은 7000에서 200씩 3번 뛰어서
센 7600입니다.

14 ㉠=7304, ㉡=7320, ㉢=7315,
㉣=7322
따라서 큰 수부터 차례로 기호를 쓰면
㉣, ㉡, ㉢, ㉠입니다.

15 ·4×㉠+6×3=38
4×㉠+18=38
4×㉠=38−18
4×㉠=20이므로 ㉠=5입니다.
·8×4−4×㉡=20
32−4×㉡=20
4×㉡=32−20
4×㉡=12이므로 ㉡=3입니다.
➡ ㉠+㉡=5+3=8

16 ▲=■×3=●×2×3=●×6
▲×4=●×6×4=●×24
●×24=★×3
●×8=★

17 1 m 48 cm+1 m 48 cm−52 cm
=2m 96 cm−52 cm
=2 m 44 cm
★+●=2+44=46

18 한초 : 3 m 40 cm−3 m=40 cm
석기 : 6 m 30 cm−618 cm
=6 m 30 cm−6 m 18 cm
=12 cm
용희 : 5 m 15 cm−5 m=15 cm

웅이 : $708\,cm - 7\,m$
　　　$= 7\,m\ 8\,cm - 7\,m$
　　　$= 8\,cm$
따라서 어림한 길이와 실제의 길이의 차가
가장 작은 사람은 웅이입니다.

19 7월 17일은 5월 5일로부터
$31 - 5 + 30 + 17 = 73$(일) 후입니다.
5월 5일로부터 7일씩 뛰어 세면 같은 요일이
반복되므로 70일 후는 수요일입니다.
따라서 71일 후는 목요일, 72일 후는 금요일,
73일 후는 토요일이므로 7월 17일은 토요일
입니다.

20 거울에 비친 시계의 시각은 오전 8시 55분입
니다.

오전 8시 55분 $\xrightarrow{5분\ 후}$ 오전 9시

$\xrightarrow{5시간\ 후}$ 오후 2시

따라서 5시간 5분 $= 305$(분) 뒤에 우주왕복
선이 발사될 것입니다.

21 $2000 + 1000 + 100 + 140 = 3240$(원)
이므로 3440원이 되려면 100원짜리 동전은
2개 들어 있어야 합니다.

22 봉지에 사탕을 8개씩 담을 때 사탕의 수와 봉
지에 7개씩 담을 때 사탕의 수를 구하여 두 수
가 같을 때를 구합니다.
(8개씩 7봉지) $=$ (7개씩 8봉지) $= 56$개로 같
습니다.
그런데 5개가 남으므로 유리병에 들어 있는 사
탕의 수는 $56 + 5 = 61$(개)입니다.

23 미진이의 키 : $170 - 45 = 125$(cm)
수강이의 키 : $125 + 4 = 129$(cm)
은섭이의 키 : $129 + 6 = 135$(cm)
미나의 키 : $135 + 6 = 141$(cm)
하은이의 키 : $141 - 7 = 134$(cm)
수지의 키 : $134 + 5 = 139$(cm)
➡ (미나의 키) $-$ (미진이의 키)
　　$= 141 - 125 = 16$(cm)

24 오전 8시부터 오후 1시까지 앞에서부터 읽거

나 뒤에서부터 읽어도 똑같이 읽을 수 있는 시
각을 알아보면 다음과 같습니다.
8 : 08, 8 : 18, 8 : 28, 8 : 38,
8 : 48, 8 : 58
9 : 09, 9 : 19, 9 : 29, 9 : 39,
9 : 49, 9 : 59
10 : 01, 11 : 11, 12 : 21
따라서 모두 15번입니다.

25 $3 + 4 + 5 + 6 + 7 + 8 = 33$이므로
정상적인 시계는 오후 8시를 가리킵니다.
2시 30분부터 8시까지는 5시간 30분이므로
고장 난 시계는
$12 + 12 + 12 + 12 + 12 + 6 = 66$(분)이
늦어졌습니다.
66분 $=$ 1시간 6분이므로 정상적인 시계가 오
후 8시를 가리킬 때 고장 난 시계는 8시에서
1시간 6분 전인 6시 54분을 가리킵니다.
따라서 고장 난 시계의 종은
$3 + 4 + 5 + 6 = 18$(번) 울립니다.

③ 회　56~63쪽

01 ③	02 856	03 4
04 5	05 ⑤	06 54
07 25	08 117	09 ④
10 95	11 22	12 10
13 9	14 ④	15 36
16 17	17 ⑤	18 636
19 322	20 22	21 756
22 15	23 80	24 14
25 160		

01 ① 5680보다 100 큰 수는 5780입니다.
② 6790보다 1000 작은 수는 5790입니다.
③ 5890보다 1 작은 수는 5889입니다.
④ 1000이 5개, 10이 60개, 1이 7개인 수
는 5607입니다.
⑤ 5790보다 100 작은 수는 5690입니다.

02 1756에서 거꾸로 100씩 9번 뛰어 세기를 합니다.

1756−1656−1556−1456−1356
−1256−1156−1056−956−856

03 천의 자리 숫자가 5, 백의 자리 숫자가 4인 네 자리 수 중에서 가장 큰 수는 5499입니다. 따라서 5495보다 큰 수는 5496, 5497, 5498, 5499로 모두 4개입니다.

05

8개씩 3묶음   3개씩 8묶음

4개씩 6묶음   6개씩 4묶음

06 9명씩 6줄 섰으므로 학생 수는
$9 \times 6 = 54$(명)입니다.

07 325 cm=3 m 25 cm입니다.
3 m 25 cm−3 m=25 cm이므로
길이의 차는 25 cm입니다.

08 준호의 키는 1 m 35 cm=135 cm입니다.
주희의 키는 준호보다 18 cm 작으므로
$135 - 18 = 117$(cm)입니다.

09 ② 5 m 3 cm=503 cm
④ 3 m 75 cm=375 cm
503 cm>430 cm>390 cm
>386 cm>375 cm
이므로 가장 짧은 것은 ④입니다.

10 1시간은 60분이므로
1시간 35분=60분+35분=95분입니다.

11 첫 번째 금요일이 1일이므로 네 번째 금요일은
$1 + 7 + 7 + 7 = 22$(일)입니다.

12 8시 50분이므로 9시 10분 전입니다.

13 □ 안에 9가 들어가면 2996>2898이고,
8이 들어가면 2896<2898이므로
□ 안에는 0, 1, 2, 3, 4, 5, 6, 7, 8로 모두

9개의 숫자가 들어갈 수 있습니다.

14 ㉠ 7550 ㉡ 7232 ㉢ 7394
➡ ㉠>㉢>㉡

15 35보다 크고 40보다 작은 수는
36, 37, 38, 39입니다.
이 중에서 6씩 묶으면 남는 것이 없는 것은
36입니다.

16 처음에 있던 호빵은
$2 \times 5 + 4 \times 3 = 10 + 12 = 22$(개)이므로
남은 호빵은 $22 - 5 = 17$(개)입니다.

17 ① 246 cm+124 cm=3 m 70 cm
② 8 m 47 cm−318 cm=5 m 29 cm
③ 1 m 27 cm+3 m 46 cm=4 m 73 cm
④ 125 cm+3 m 8 cm=4 m 33 cm
⑤ 6 m−2 m 36 cm=3 m 64 cm

18 친구들이 가지고 있는 막대의 길이는
경호 : 134 cm,
수진 : 134 cm+153 cm=287 cm,
호성 : 134 cm+81 cm=215 cm입니다.
세 명이 가진 막대로 잴 수 있는 가장 긴 길이는
134 cm+287 cm+215 cm=636 cm
입니다.

19 9시 15분−9시 40분−10시 5분
−10시 30분−10시 55분−11시 20분
−11시 45분
으로 오전에 모두 7번 운행을 합니다.
$46+46+46+46+46+46+46$
$=322$(명)

20 달력 속에서 사각형 안의 네 개의 수는 ✕ 방향으로 더한 두 수의 합이 서로 같습니다. 즉,

6	7
13	14

에서 6+14=7+13입니다.
따라서 네 수의 합이 104인 경우에는 ✕ 방향으로 더한 두 수의 합이 52인 경우입니다.
이런 경우를 찾으면 22+30과 23+29인 경우입니다.

즉, 네 수의 합이 **104**인 경우는
22	23
29	30
이고,

이 네 수 중 가장 작은 수는 **22**입니다.

21 1000원짜리 지폐 **3**장 : **3000**원
500원짜리 동전 **5**개 : **2500**원
100원짜리 동전 **18**개 : **1800**원
10원짜리 동전 **26**개 : **260**원
3000＋2500＋1800＋260＝7560(원)
7560원은 10원짜리 동전 756개로 바꿀 수 있습니다.

22 배 **3**개는 사과 **9**개의 무게가 같으므로
배 **1**개는 사과 **3**개의 무게와 같습니다.
배 **4**개는 귤 **36**개의 무게가 같으므로
배 **1**개는 귤 **9**개의 무게와 같습니다.
배 **1**개는 각각 사과 **3**개, 귤 **9**개의 무게와 같으므로 사과 **1**개는 귤 **3**개의 무게와 같습니다.
따라서 사과 **5**개는 귤 **3×5＝15**(개)의 무게와 같습니다.

23 색 테이프 **4**장을 이으면 겹쳐지는 부분이 **3**곳이 있으므로 색 테이프 **4**장의 길이는
31＋3×3＝40(cm)이고
한 장의 길이는 **10 cm**입니다.
색 테이프 **11**장을 이어 붙이면 겹치는 부분이 **10**곳이 생기므로 전체 길이는
10×11－3×10＝110－30＝80(cm)
입니다.

24 기차가 ㉮역을 출발하여 ㉯역에 도착하는 시각 :
6시 30분, 6시 38분, 6시 46분,
6시 54분, 7시 2분, 7시 10분,
7시 18분, 7시 26분, 7시 34분, …
기차가 ㉯역을 출발하여 ㉰역에 도착하는 시각 :
6시 40분, 6시 46분, 6시 52분,
6시 58분, 7시 4분, 7시 10분,
7시 16분, 7시 22분, 7시 28분,
7시 34분, …
따라서 처음으로 만나는 시각은 **6시 46분**이고
7시 10분, 7시 34분, …으로 **24**분마다 만납니다.

그러므로 오전 시간 동안 만난 횟수는
6시 46분, 7시 10분, 7시 34분,
7시 58분, 8시 22분, 8시 46분,
9시 10분, 9시 34분, 9시 58분,
10시 22분, 10시 46분, 11시 10분,
11시 34분, 11시 58분으로 모두 **14**번입니다.

25 일의 자리에 숫자 **3**이 들어가는 경우 :
3003, 3013, 3023, …, 3093 → 10번
일의 자리에 숫자 **6**이 들어가는 경우 :
3006, 3016, 3026, …, 3096 → 10번
일의 자리에 숫자 **9**가 들어가는 경우 :
3009, 3019, 3029, …, 3099 → 10번
십의 자리에 숫자 **3**이 들어가는 경우 :
3030, 3031, 3032, …, 3039 → 10번
십의 자리에 숫자 **6**이 들어가는 경우 :
3060, 3061, 3062, …, 3069 → 10번
십의 자리에 숫자 **9**가 들어가는 경우 :
3090, 3091, 3092, …, 3099 → 10번
천의 자리에 숫자 **3**이 들어가는 경우 :
3001, 3002, 3003, …, 3100 → 100번
따라서 두 명이 친 박수는 모두
10＋10＋10＋10＋10＋10＋100
＝160(번)입니다.

④ 회 64~71쪽

01	600	02	④	03	5
04	70	05	5	06	8
07	907	08	4	09	230
10	①	11	15	12	60
13	21	14	14	15	3
16	7	17	371	18	142
19	42	20	50	21	8
22	62	23	350	24	7
25	15				

01

100원짜리 동전이 10개이면 1000원이 되므로 동전 10개를 묶으면 남는 돈은 100원짜리 동전이 6개입니다.

02 ① 800 ② 8 ③ 80 ④ 8000 ⑤ 800

03 한솔이가 가지고 있는 돈은 모두 5200원이므로 1000원짜리 지폐로 5장까지 바꿀 수 있습니다.

04 9를 7번 더하는 것은 9×7과 같습니다.
㉠=7
$9 \times 7 = 63$, ㉡=63
➡ ㉠+㉡=7+63=70

05 구슬을 4개씩 묶으면 5묶음이 되므로
$4 \times 5 = 20$(개)입니다.

06 $132 - 61 - 23 = 48$이므로
$6 \times \square = 48$입니다.
따라서 □ 안에 알맞은 수는 8입니다.

07 $9 \, m \, 7 \, cm = 900 \, cm + 7 \, cm = 907 \, cm$

08 ㉡, ㉢, ㉣, ㉥ ➡ 4개

09 $3 \, m \, 50 \, cm - 1 \, m \, 20 \, cm$
$= 2 \, m \, 30 \, cm = 230 \, cm$

11 1주일은 7일입니다.

따라서 4주 3일=28일+3일=31일,
6주 4일=42일+4일=46일입니다.
➡ 46일−31일=15일

12 4시 40분에서 5시 40분까지는 1시간입니다.
따라서 숙제를 하는 데 걸린 시간은 60분입니다.

13 가장 큰 수 : 7631
둘째로 큰 수 : 7630
셋째로 큰 수 : 7613
넷째로 큰 수 : 7610
따라서 7631−7610=21입니다.

14 ㉠+㉡+㉢+㉣의 값이 가장 작으려면 높은 자리의 숫자가 되도록 커야 합니다.
1000이 5개, 100이 4개, 10이 3개, 1이 2개이면 5432이므로 ㉠+㉡+㉢+㉣의 값 중 가장 작은 값은 5+4+3+2=14입니다.

15 (하영이가 얻은 점수)
$= 5 \times 3 + 3 \times 4 + 1 \times 1 + 0 \times 2$
$= 15 + 12 + 1 + 0 = 28$(점)
(선재가 얻은 점수)
$= 5 \times 2 + 3 \times 4 + 1 \times 3$
$= 10 + 12 + 3 = 25$(점)
28−25=3(점)이므로 선재가 마지막 화살을 3점짜리 과녁에 맞혀야 하영이와 동점을 기록할 수 있습니다

16 (1반 학생 수)=$6 \times 4 = 24$(명),
(2반 학생 수)=$5 \times 5 = 25$(명)이므로
운동장에 모여 줄을 서려고 하는 학생 수는 모두 24+25=49(명)입니다.
이때 1줄에 1명씩 줄을 설 수 없으므로
$49 = 7 \times 7$에서 한 줄에 7명씩 줄을 서야 남는 사람이 없이 줄을 설 수 있습니다.

17 $500 \, cm = 5 \, m$, $3 \, m \, 67 \, cm = 367 \, cm$,
$418 \, cm = 4 \, m \, 18 \, cm$, $2 \, m = 200 \, cm$
이므로 □ 안에 들어갈 수 중 가장 큰 수는 367이고, 가장 작은 수는 4입니다.
➡ 367+4=371

18 세 개의 종이테이프를 이어 붙였으므로 풀칠한 곳은 2군데입니다.
(이어 붙인 종이테이프 전체의 길이)
＝(세 개의 종이테이프 길이의 합)
　－13 cm－13 cm
＝1 m 68 cm－26 cm
＝1 m 42 cm＝142 cm

19

	시작하는 시각	끝나는 시각
1교시	9시	9시 40분
쉬는 시간	9시 40분	9시 50분
2교시	9시 50분	10시 30분
쉬는 시간	10시 30분	10시 40분
3교시	10시 40분	11시 20분
점심 식사	11시 20분	11시 50분
4교시	11시 50분	12시 30분

4교시가 끝나는 시각은 12시 30분이므로
㉠＋㉡＝12＋30＝42입니다.

20 집에서 정류장까지는 25분이 걸리고, 5분 일찍 도착하였으므로 버스가 출발하기 30분 전에 집에서 출발하였습니다.
따라서 9시 20분에서 30분 전인 8시 50분에 집에서 나왔습니다.

21 200씩 뛰어서 센 것입니다.
3789－3989－4189－4389－4589－4789－4989－5189－5389－5589
따라서 3789와 5589 사이에 들어가는 수는 8개입니다.

22 첫째 번에는 한 줄에 2개씩, 둘째 번에는 한 줄에 3개씩, 셋째 번에는 한 줄에 4개씩 놓이므로 아홉째 번에는 한 줄에 10개씩 놓이고 그 모양은 오른쪽 그림과 같습니다.
흰색 바둑돌은 9×9＝81(개)이고, 검은색 바둑돌은 10＋9＝19(개)입니다.
따라서 흰색 바둑돌은 검은색 바둑돌보다 81－19＝62(개) 더 많습니다.

23 7×5＝5×7이므로 70×5＝50×7입니다.
㉮ 막대가 ㉯ 막대보다 20 cm 더 길으므로 ㉮ 막대의 길이는 70 cm이고 ㉯ 막대의 길이는 50 cm입니다.
따라서 점 ㄱ에서 점 ㄴ까지의 거리는 70＋70＋70＋70＋70＝350(cm)입니다.

24 3시에 3번, 4시에 4번, 5시에 5번, 6시에 6번 울려서 모두 3＋4＋5＋6＝18(번) 울렸으므로 19번째 울릴 때의 시각은 7시입니다.

25 1부터 30까지의 수 중 2의 단의 수는 15개이므로 동생이 카드를 뒤집은 후 앞면이 보이는 카드는 15장입니다.
1부터 30까지의 수 중 3의 단의 수는 10개이므로 형은 10장의 카드를 반대편으로 뒤집었는데 그중 6의 단인 6, 12, 18, 24, 30의 5장은 앞면이 보이게 뒤집었습니다.
따라서 앞면이 보이는 카드는 15－5＋5＝15(장)입니다.

⑤회　72~79쪽

01 50	02 200	03 12
04 8	05 42	06 69
07 409	08 ⑤	09 105
10 40	11 67	12 62
13 6	14 ③	15 ③
16 10	17 202	18 6
19 58	20 17	21 7
22 9	23 120	24 120
25 30		

01 1000은 950보다 50 큰 수이므로 한솔이의 빈 곳에 알맞은 수는 50입니다.

02 백의 자리 숫자가 2씩 커졌으므로 200씩 뛰어서 센 것입니다.

03 천 모형 4개, 백 모형 5개, 일 모형 6개인 수는 4506입니다.

4626은 4506부터 10씩 12번을 뛰어서 센 수이므로 십 모형은 12개가 있어야 합니다.

04 □를 5번 더하면 40이 되므로
□×5=40입니다.
따라서 8×5=40이므로
□ 안에 알맞은 수는 8입니다.

05 6개씩 7묶음과 같으므로 메뚜기 다리 수는
6×7=42(개)입니다.

06 7명씩 앉을 수 있는 의자 6개에는
7×6=42(명)이 앉을 수 있고,
3명씩 앉을 수 있는 의자 9개에는
3×9=27(명)이 앉을 수 있습니다.
따라서 모두 42+27=69(명)이 앉을 수 있습니다

07 4 m 9 cm=400 cm+9 cm=409 cm

08 교실의 벽의 길이를 재는 데 가장 적은 횟수로 잴 수 있는 것은 길이가 가장 긴 것입니다.

09 사용한 끈의 길이는 지영이의 7뼘(5뼘+2뼘)의 길이와 같습니다.
15 cm+15 cm+15 cm+15 cm
　　　　　+15 cm+15 cm+15 cm
=105 cm

10 5시 20분에서 거꾸로 40분을 가면 숙제를 시작한 시각을 알 수 있습니다.
5시 20분에서 20분을 거꾸로 가면 5시가 되고, 20분을 더 거꾸로 가면 4시 40분이 됩니다.
따라서 용대가 숙제를 시작한 시각은 4시 40분입니다.

11 190분=3시간 10분
2일 6시간=54시간
➡ ㉠+㉡+㉢=3+10+54=67

12 월요일은 7일마다 반복되고 9월은 30일까지 있으므로 5+12+19+26=62입니다.

13 100원짜리 동전 57개 ➡ 5700원
10원짜리 동전 42개 ➡ 420원
따라서 한솔이가 가지고 있는 돈은

5700+420=6120(원)이므로
1000원짜리 지폐로 6장까지 바꿀 수 있습니다.

14 ① 7895　　② 7659　　③ 7900
④ 7716　　⑤ 7500
천의 자리 숫자가 모두 7로 같으므로 백의 자리 숫자를 비교하면 ③이 가장 큰 수입니다.

15 ① 27　② 27　③ 3　④ 27　⑤ 27

16 ↑ ➡ ↓ ← 모양이 반복됩니다.
따라서 4×9=36이므로 36쪽까지 9번 그려지고, 38쪽에 또 한 번 그려지므로
➡ 모양은 모두 10번 그려야 합니다.

17 상자를 묶을 때 필요한 끈의 길이는
47+47+9+9+9+9+30+30+28
=218(cm)입니다.
따라서 남은 끈의 길이는
4 m 20 cm-2 m 18 cm=2 m 2 cm입니다.
➡ 2 m 2 cm=202 cm

18 가로 한 칸은 3 m, 세로 한 칸은 4 m입니다.
㈎는 가로 6칸, 세로 5칸이므로
6×3+5×4=18+20=38(m)입니다.
㈏는 가로 4칸, 세로 5칸이므로
4×3+5×4=12+20=32(m)입니다.
따라서 두 길의 길이의 차는 38-32=6(m)입니다.

19 11번째 버스가 출발하는 시각은 15분씩 10번의 시간이 지났으므로 첫 번째로 출발한 시각에서 150분 후입니다.
150분=2시간 30분이므로 11번째 버스가 출발한 시각은 6시 20분부터 2시간 30분 후인 8시 50분입니다.
→ ㉠+㉡=8+50=58

20
㉠+㉢+㉆+㉈=68
㉠+㉈=㉢+㉆이므로
㉠+㉈=㉢+㉆=34
입니다.
㉈=㉠+14+2=㉠+16이므로

ㄱ+ㅈ=ㄱ+ㄱ+16=34, ㄱ=9

따라서 한가운데 수는 9+7+1=17입니다.

21 3+ㄱ+4+ㄴ=19이므로

ㄱ+ㄴ=12입니다.

ㄱ+ㄴ=12가 되는 두 수 (ㄱ, ㄴ)을 알아보면,

(9, 3), (8, 4), (7, 5), (6, 6), (5, 7),

(4, 8), (3, 9)입니다.

따라서 3943, 3844, 3745, 3646,

3547, 3448, 3349이므로 모두 7개입니다.

22

1	3	5	1	3
1	5	3	1	5
3	5	1	3	5
3	1	5	3	1
5	1	3	5	9

왼쪽과 같이

1+3+5=9가 8번 반복되고 마지막에 9가 한 번 더 있으므로

9가 9번 있는 것과 같습니다.

따라서 이를 곱셈구구로 나타내면 9×9가 됩니다.

23 (철사의 길이)

=2 m 40 cm+2 m 55 cm+3 m 15 cm

=8 m 10 cm

(사각형에서 가로와 세로의 길이의 합)

=(8 m 10 cm의 절반)=4 m 5 cm

(㉮의 길이)=4 m 5 cm−2 m 85 cm

=1 m 20 cm=120 cm

24 1층과 3층 사이의 계단은 1층과 2층 사이의 계단, 2층과 3층 사이의 계단 두 군데가 있습니다.

이 두 군데의 계단을 청소하는 데 30분이 걸립니다.

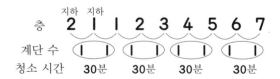

따라서 청소 시간은

30+30+30+30=120(분)이 걸립니다.

25 ㉠ 2×7=14, 3×6=18에서

18−14=4입니다.

ㄴ 5×7=35, 3×8=24에서

35−24=11입니다.

ㄷ 6×5=30, 2×8=16에서

30−16=14입니다.

따라서 계산한 규칙은 마주 보는 수끼리의 곱을 구한 후 큰 수에서 작은 수를 빼는 것입니다.

따라서 ㉮에 알맞은 수는

8×9−7×6=72−42=30입니다.

KMA 최종 모의고사

1회   80~87쪽

01 ④	02 3	03 889
04 4	05 40	06 33
07 503	08 102	09 255
10 80	11 105	12 102
13 1	14 9	15 29
16 ①	17 12	18 5
19 ③	20 ⑤	21 25
22 10	23 20	24 214
25 18		

01 ①, ②, ③, ⑤ 1000
④ 901

02 100원짜리 동전이 10개이면 1000원입니다.
따라서 100원짜리 동전이 3개 더 있어야 볼펜을 살 수 있습니다.

03 100씩 8번 뛰어 세기를 했으므로 800을 뛴 것과 같습니다.
따라서 어떤 수는 1689보다 800 작은 수이므로 889입니다.

04 6의 단 곱셈구구를 외워보면 $6 \times 4 = 24$이므로 □는 4입니다.

05 $8 \times 5 = 40$(개)

06 $9 \times 3 + 6 = 27 + 6 = 33$(명)

07 $5\,m = 500\,cm$, $300\,cm = 3\,m$
★+■$=500 + 3 = 503$

08 $4\,m\ 85\,cm + 310\,cm$
$= 4\,m\ 85\,cm + 3\,m\ 10\,cm$
$= 7\,m\ 95\,cm$
■+▲$= 7 + 95 = 102$

09 (㉠에서 ㉡까지의 길이)
$= 8\,m\ 85\,cm - 6\,m\ 30\,cm$
$= 2\,m\ 55\,cm$
$= 255\,cm$

10 1시간은 60분이므로 1시간 20분은
$60 + 20 = 80$(분)이 됩니다.

11 3시 $\xrightarrow{1시간 후}$ 4시 $\xrightarrow{45분 후}$ 4시 45분
따라서 운동을 한 시간은 1시간 45분=105분입니다.

12 (1일 5시간)$=24 + 5 = 29$(시간),
1주일=7일,
(3년)$=12 + 12 + 12 = 36$(개월),
(9월의 날 수)=30일
$29 + 7 + 36 + 30 = 102$

13 십의 자리가 '4'인 네 자리 수는
□□4□입니다.
따라서 만들 수 있는 가장 큰 수는 8741이고,
두 번째로 큰 수는 8147입니다.
따라서 백의 자리 숫자는 1입니다.

14 • 천의 자리 숫자는 2입니다.
• 일의 자리 숫자가 6이므로 십의 자리 숫자는
$6 - 5 = 1$입니다.
• 백의 자리 숫자는 십의 자리 숫자보다 작으므로 0입니다
따라서 구하는 네 자리 수는 2016이므로
㉠+㉡+㉢+㉣$= 2 + 0 + 1 + 6 = 9$입니다.

15 $1 \times 3 + 2 \times 7 + 3 \times 4$
$= 3 + 14 + 12 = 29$(점)

16 ▷ △ ◁ ▽ 모양이 반복되는
규칙입니다.
따라서 $4 \times 7 + 1 = 29$이므로 29째 번 모양은
첫째 번 모양과 같습니다.

17 (사각형의 둘레)
$= 1\,m\ 20\,cm + 1\,m\ 20\,cm + 1\,m\ 20\,cm$
$+ 1\,m\ 20\,cm$
$= 4\,m\ 80\,cm$
(삼각형의 둘레)
$= 2\,m\ 30\,cm + 2\,m\ 30\,cm + 2\,m\ 30\,cm$
$= 6\,m\ 90\,cm$
(삼각형의 둘레)$-$(사각형의 둘레)
$= 6\,m\ 90\,cm - 4\,m\ 80\,cm$

$=$ 2 m 10 cm

■$+$▲$=$2$+$10$=$12

18 테이프 **4**장의 길이는

1 m 20 cm$+$1 m 20 cm$+$1 m 20 cm

$\qquad$ $+$1 m 20 cm$=$4 m 80 cm입니다.

따라서 겹쳐진 부분 세 개의 길이는

4 m 80 cm$-$4 m 65 cm$=$15 cm입니다.

겹쳐진 부분 세 개의 길이가 15 cm이므로

겹쳐진 부분 한 개의 길이는 5 cm입니다.

19 다음 해 1월 16일은 이번 해 11월 1일부터

29$+$31$+$16$=$76(일) 후입니다.

요일은 7일마다 반복되므로 76$=$7$\times$10$+$6

에서 다음 해 1월 16일의 요일은 이번 해 11월

1일 수요일의 6일 후와 같은 화요일입니다.

20 (유승)$=$5시 45분$-$4시 45분$=$1시간

(석기)$=$5시 50분$-$3시 50분$=$2시간

(지혜)$=$6시 40분$-$4시 30분$=$2시간 10분

21 50씩 뛰어 세는 규칙이 있습니다.

3811부터 5111까지는 100씩 13번을 뛰어

세기 한 것이므로 50씩 26번을 뛰어 세기 해야

합니다.

따라서 3811과 5111 사이에 들어갈 수 있는

수는 26$-$1$=$25(개)입니다.

22

$\times$	㉡	㉢	㉣
㉤			72
㉠	12	6	21
	24		
㉥		㉖	45

12$=$3$\times$4, 6$=$3$\times$2,

21$=$3$\times$7이므로

㉠$=$3입니다.

㉠$=$3이므로 ㉡$=$4

이고, ㉢$=$2입니다.

72$=$9$\times$8, 45$=$9$\times$5이므로

㉣$=$9이고, ㉤$=$8, ㉥$=$5입니다.

따라서 ㉖$=$㉢$\times$㉥$=$2$\times$5$=$10입니다.

23 ㉮ 막대는 ㉯ 막대보다 20 cm 더 길고 ㉮ 막대

는 ㉰ 막대보다 15 cm 더 길으므로

㉯ 막대는 ㉰ 막대보다 5 cm 더 짧습니다.

㉰ 막대는 ㉱ 막대보다 25 cm 더 길으므로

㉯ 막대는 ㉱ 막대보다 20 cm 더 깁니다.

별해 ㉮ 막대를 100 cm라 하면 ㉯ 막대는

$\qquad$ 80 cm입니다.

㉮ 막대는 ㉰ 막대보다 15 cm 더 길으므

로 ㉰는 100$-$15$=$85(cm)이고 ㉱는

85$-$25$=$60(cm)입니다.

따라서 ㉯는 ㉱보다 80$-$60$=$20(cm)

더 깁니다.

24 6시 59분일 때 숫자들의 합은 6$+$5$+$9$=$20

입니다.

처음으로 숫자의 합이 23이 되려면 시간의 숫

자를 키우며 생각해 봅니다.

23은 20보다 3 큰 수이므로 시간을 나타내는

수가 6보다 3 큰 수인 9일 때, 즉 9시 59분

일 때 숫자들의 합이 23이 됩니다.

9시 56분은 6시 25분부터 3시간 34분 후이

므로 214분 후입니다.

25 1 cm$=$3 cm$-$2 cm

2 cm$=$2 cm 막대

3 cm$=$3 cm 막대

4 cm$=$9 cm$-$5 cm

5 cm$=$5 cm 막대

6 cm$=$9 cm$+$2 cm$-$5 cm

7 cm$=$9 cm$-$2 cm

8 cm$=$5 cm$+$3 cm

9 cm$=$9 cm 막대

10 cm$=$2 cm$+$3 cm$+$5 cm

11 cm$=$9 cm$+$2 cm

12 cm$=$9 cm$+$3 cm

13 cm$=$9 cm$+$5 cm$+$2 cm$-$3 cm

14 cm$=$9 cm$+$5 cm

15 cm$=$9 cm$+$5 cm$+$3 cm$-$2 cm

16 cm$=$9 cm$+$5 cm$+$2 cm

17 cm$=$9 cm$+$5 cm$+$3 cm

19 cm$=$9 cm$+$5 cm$+$3 cm$+$2 cm

따라서 모두 18가지입니다.

②회 88~95쪽

01 8	02 140	03 ④
04 ②	05 7	06 3
07 ③	08 103	09 486
10 4	11 53	12 14
13 32	14 7	15 32
16 49	17 70	18 116
19 120	20 ⑤	21 5
22 16	23 20	24 180
25 58		

01 100원짜리 동전 10개를 1000원짜리 지폐 한 장으로 바꿀 수 있으므로 100원짜리 동전 80개는 1000원짜리 지폐 8장으로 바꿀 수 있습니다.

02 100원짜리 동전 7개와 10원짜리 동전 16개는 860원이므로 140원이 더 있어야 합니다.

03 숫자 3이 나타내는 값은 다음과 같습니다.
① 300 ② 30 ③ 3 ④ 3000 ⑤ 300
따라서 숫자 3이 나타내는 값이 가장 큰 수는 ④입니다.

04 ① 4 ② 8 ③ 7 ④ 0 ⑤ 0

05 $5 \times 7 = 35$이므로 필요한 자동차는 모두 7대입니다.

06 $2 \times 3 \times 4 = 6 \times 4 = 24$, $8 \times 3 = 24$이므로 □ 안에 알맞은 수는 3입니다.

07 ① 136 cm=1 m 36 cm
② 2 m 8 cm=208 cm
④ 7 m 50 cm=750 cm
⑤ 507 cm=5 m 7 cm

08 2 m 81 cm−1 m 78 cm=1 m 3 cm이므로 영수가 1 m 3 cm=103 cm 더 높이 쌓았습니다.

09 (㉠에서 ㉡까지의 길이)
=3 m 57 cm−1 m 13 cm=2 m 44 cm
(㉠에서 ㉢까지의 길이)
=2 m 44 cm+2 m 42 cm

=4 m 86 cm
=486 cm
별해 (㉠에서 ㉣까지의 길이)
=(3 m 57 cm+2 m 42 cm)
−1 m 13 cm
=5 m 99 cm−1 m 13 cm
=4 m 86 cm

10 오후 3시에서 시계의 긴바늘이 4바퀴 돌면 오후 7시가 됩니다.

11 1년은 12개월입니다.
4년 5개월=12+12+12+12+5
=53(개월)

12 2시 50분+1시간 20분=4시 10분
■+▲=4+10=14

13 2983부터 3000까지의 네 자리 수는 18개, 3001부터 3014까지의 네 자리 수는 14개입니다.
➡ 18+14=32(개)

14 250씩 뛰어서 센 것입니다.
4750과 6750 사이에 들어가는 수는 5000, 5250, 5500, 5750, 6000, 6250, 6500으로 모두 7개입니다.

15 ★+2=9, ★=7
●×8=8, ●=1
따라서 $(4 \times 7) + (4 \times 1) = 28 + 4 = 32$입니다.

16 (배 4개의 값)=(사과 14개의 값)
(배 2개의 값)=(사과 7개의 값)
따라서 $2 \times 7 = 14$에서 배 14개의 값은 배 2개의 값의 7배와 같으므로 사과 $7 \times 7 = 49$(개)의 값과 같습니다.

17 (규형이의 키)=1 m 80 cm−45 cm
=1 m 35 cm
(웅이의 키)=1 m+30 cm=1 m 30 cm
(한솔이의 키)=1 m 30 cm−3 cm
=1 m 27 cm

(한별이의 키)=1 m 35 cm+6 cm
　　　　　　＝1 m 41 cm

따라서 키가 가장 큰 사람은 한별이고, 가장 작은 사람은 한솔이므로 두 사람의 키의 합은
1 m 41 cm+1 m 27 cm=2 m 68 cm
입니다.

■＋▲＝2＋68＝70

18 A에서 B까지 가는 가장 짧은 길은 도형의 변을 11번 지나가는 것이고, C를 거쳐 B까지 가는 가장 짧은 길은 도형의 변을 13번 지나 가는 것입니다. 따라서 그 차는 변 2개 만큼의 길이가 차이 납니다.

➡ 58＋58＝116(cm)

19 거울에 비친 시계의 시각은 4시 15분입니다. 동민이가 책을 읽은 시간은 2시 15분부터 4시 15분까지이므로 2시간입니다.
따라서 120분 동안 책을 읽었습니다.

20 3월 3일부터 31일까지 29일이고,
4월은 30일, 5월은 8일이므로
29＋30＋8＝67(일)입니다.
67일은 7일씩 9번하고 4일이 남으므로 5월 8일은 목요일(월 → 화 → 수 → 목)이 됩니다.

21 ■가 4일 때 4472＞4357,
■가 5일 때 4572＜5357이므로
■는 5, 6, 7, 8, 9가 될 수 있습니다.
따라서 ■가 될 수 있는 숫자는 모두 5개입니다.

22 오른쪽의 식은 8×2＝16입니다.
㉠과 ㉡에 들어갈 수 있는 수는
㉠×4＋㉡×1＝16이므로
㉠이 3이면 ㉡은 4, ㉠이 2이면 ㉡은 8, 두 가지 경우입니다.
이 중 곱이 큰 경우는 ㉠이 2이고, ㉡은 8일 때이므로 그 곱은 16이 됩니다.

23 (㉮에서 사용된 끈의 길이)
＝40 cm＋40 cm＋15 cm＋15 cm
　＋25 cm＋25 cm＋25 cm＋25 cm
　＋30 cm
＝240 cm

(㉯에서 사용된 끈의 길이)
＝40 cm＋40 cm＋25 cm＋25 cm
　＋15 cm＋15 cm＋15 cm＋15 cm
　＋30 cm
＝220 cm
따라서 사용하고 남은 끈의 길이는
240－220＝20(cm)입니다.

24 처음 시계를 본 시각은 10시 30분이고 거울에 비친 시계를 본 시각은 오후 1시 30분입니다.
➡ 오후 1시 30분－오전 10시 30분
　＝3시간＝180분

25 8월 달력에서 수요일은 4번 또는 5번입니다.
㉠ 수요일이 4번일 경우 :
□＋□＋7＋□＋14＋□＋21＝80
□×4＋42＝80,
□×4＝80－42＝38
어떤 수에 4를 곱할 때 38이 나오는 경우는 없습니다.
㉡ 수요일이 5번일 경우 :
□＋□＋7＋□＋14＋□＋21＋□＋28
＝80
□×5＋70＝80, □×5＝80－70
□＝2
8월의 수요일은 2일, 9일, 16일, 23일, 30일이므로 9월 1일은 금요일, 10월 1일은 일요일입니다.
따라서 10월의 수요일의 날짜의 합은
4＋11＋18＋25＝58입니다.

Memo

Memo

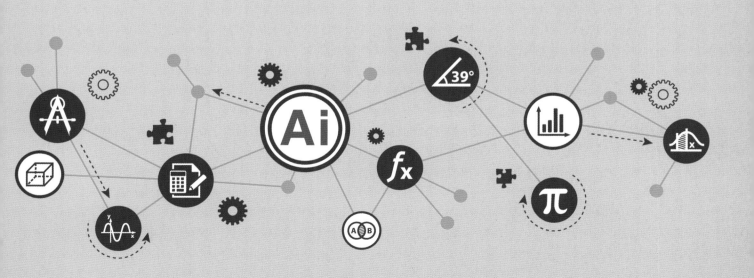

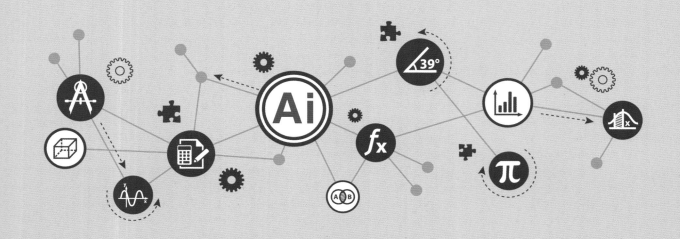